高职高专系列教材

单片机原理及应用

主　编　张群慧　　山　磊　　唐绪伟

副主编　肖　鹏　　黄丽霞　　曾　直

　　　　陈　佳　　易　磊　　陈　钢

参　编　谢　莉　　朱华西　　雷求胜

　　　　袁可可　　易晨辉　　刘志勇

　　　　赵赞忠

西安电子科技大学出版社

内 容 简 介

本书是编者在总结了多年的教学和实践经验的基础上编写而成的。全书共 8 章，第 1 章介绍单片机系统的硬件与软件基础，第 2 章介绍单片机指令系统与汇编语言程序设计，第 3 章介绍单片机 C 语言程序设计，第 4 章介绍单片机系统程序开发与仿真，第 5 章介绍单片机的内部资源及应用，第 6 章介绍单片机系统扩展技术，第 7 章介绍 80C51 单片机外围器件及应用实例，第 8 章介绍单片机综合应用。书中列举生活中常用器件的单片机程序设计，可帮助读者了解单片机的工程实践，提高综合应用能力。

本书可作为应用型本科、高职高专等高等院校的电子信息工程、计算机应用、通信工程、自动控制及相关专业的教材，也可供从事单片机开发与应用工程的技术人员参考。

图书在版编目(CIP)数据

单片机原理及应用/张群慧，山磊，唐绪伟主编. —西安：西安电子科技大学出版社，2021.1

ISBN 978 - 7 - 5606 - 5706 - 6

Ⅰ. ① 单… Ⅱ. ① 张… ② 山… ③ 唐… Ⅲ. ① 单片微型计算机—教材

Ⅳ. ① TP368.1

中国版本图书馆 CIP 数据核字(2020)第 091315 号

策划编辑　杨丕勇

责任编辑　杨丕勇　　蔡雅梅

出版发行　西安电子科技大学出版社(西安市太白南路 2 号)

电　　话　(029)88242885　88201467　　　邮　编　710071

网　　址　www.xduph.com　　　电子邮箱　xdupfxb001@163.com

经　　销　新华书店

印刷单位　陕西天意印务有限责任公司

版　　次　2021 年 1 月第 1 版　2021 年 1 月第 1 次印刷

开　　本　787 毫米×1092 毫米　1/16　印张 14.25

字　　数　335 千字

印　　数　1～3000 册

定　　价　38.00 元

ISBN 978 - 7 - 5606 - 5706 - 6/TP

XDUP 6008001 - 1

＊＊＊如有印装问题可调换＊＊＊

前　言

单片机诞生于 20 世纪 70 年代末，经历了 SCM、MCU、SoC 三大阶段。早期的 SCM 单片机只有 8 位或 4 位，其中最成功的是 Intel 公司生产的 8031。此后在 8031 的基础上发展出了 MCS51 系列 MCU 系统。随着工业控制领域要求的提高，市场上开始出现了 16 位单片机，但因为性价比不理想并未得到很广泛的应用。90 年代后，随着消费电子产品大规模发展，单片机技术得到了巨大提高。随着 Intel i960 系列，特别是后来的 ARM 系列的广泛应用，32 位单片机迅速取代 16 位单片机进入主流市场。而传统的 8 位单片机的性能也得到了飞速提高，处理能力比起 80 年代提高了数百倍。目前，单片机已经渗透到我们生活的各个领域，广泛应用于仪器仪表、家用电器、医用设备、航空航天、专用设备的智能化管理及过程控制等方面。

为便于广大的单片机爱好者及相关专业人员学习交流，编者结合多年教学实践经验编写了本书，书中总结了单片机的相关知识，列举了生活中常见的单片机实例，以使读者能深入浅出地了解单片机知识，为今后学习、工作打下一定的基础。本书由湖南科技职业学院张群慧、连云港职业技术学院山磊、怀化职业技术学院唐绪伟担任主编，湖南涉外经济学院肖鹏、湖南应用技术学院黄丽霞、益阳职业技术学院曾直、湖南高尔夫旅游职业学院陈佳、湖南交通职业技术学院易磊、湖南信息学院陈钢担任副主编。第 1 章由山磊编写，第 2 章由肖鹏编写，第 3 章由黄丽霞编写，第 4 章由曾直和陈佳编写，第 5、6 章由张群慧编写，第 7 章由易磊和陈钢编写，第 8 章由唐绪伟编写，湖南高尔夫旅游职业学院谢莉，张家界航空工业职业技术学院朱华西，湖南信息学院雷求胜、袁可可、易晨辉，湖南科技职业学院刘志勇、赵赞忠参与了编写。张群慧对本书的编写思路及大纲进行了总体规划，指导了全书的编写，并对全书进行了统稿工作。在本书编写过程中，编者参考了相关领域专家、学者的著作和文献，在此向他们表示真诚的谢意。

为方便读者学习，作者提供了本书配套的单片机开发板、案例和源代码等，需要的读者可与作者联系，联系邮箱 375129474@qq.com。

由于编者知识水平和经验的局限性，书中难免存在不足之处，敬请广大读者批评指正。

编　者

2020 年 8 月

目　录

1

第 1 章

单片机系统的硬件与软件基础

　　本章主要介绍 51 系列单片机系统硬件的原理，是学习单片机硬件和软件开发的基础，主要内容包括单片机的基本概念、单片机内部各个部件的作用和单片机最小系统的组成。通过对本章内容的学习，可以让读者了解 51 系列单片机内部组成和单片机最小系统的原理。

1.1　单片机的基本原理

　　本小节通过叙述、举例，介绍单片机的运算基础、基本概念、系统基本原理以及常用单片机的内部组成，主要任务是了解单片机的基本概念和应用以及掌握单片机 DIP40 封装各引脚的功能。

1.1.1　单片机的运算基础

　　计算机是信息处理工具，不论对于指令还是数据，如使用计算机进行处理，都必须采用二进制编码，图形和声音信息同样如此。因为在计算机中，信息的表示依赖于内部电路的状态。计算机内部通常采用基 2 码(即二进制的 0 和 1)来表示信息，这种表示方式有以下优点：

　　(1) 易于物理实现。因为具有两种稳定状态的物理器件很多，如三极管的导通与截止、电压的高与低等，可以分别对应于 1 和 0 两个二进制数。如果采用十进制，则需要用具有10 种不同状态的物理器件，一般难以实现。

　　(2) 二进制数运算简单。数学运算表明，对 x 进制数的算术求和、求积规则各有 $x(x+1)/2$ 种。如果采用十进制，就有 55 种求和与求积的运算规则；而二进制仅有 3 种，简化了运算器等物理器件的设计。

　　(3) 通用性强。基 2 码既可用于数值信息编码，又可用于各种非数值信息的数字化编码。二进制的 0 和 1 对应于逻辑命题的"真"与"假"，方便计算机进行逻辑运算和逻辑判断。计算机存储器中存储的都是二进制形式的信息，但它们分别代表不同的含义。有的表示机器指令，有的表示二进制数据，有的表示英文字母，有的则表示汉字，还有的可能表示色彩与声音。

　　虽然计算机内部采用基 2 码来表示各种信息，但其与外部交换信息时仍采用人们熟悉和便于阅读的形式，如十进制数、文字显示及图形描述等。其间的转换则由计算机软件来实现。

　　在日常生活中，人们通常使用十进制数，而计算机是由逻辑电路组成的，只能识别二进制数，用两个数码"0"和"1"来表示信息。因此，必须掌握计算机中的相关数制及其转换。

数的常用表示方法有二进制、八进制、十进制、十六进制等。

1. 十进制数(Decimal Number)

十进制数是一种常用的数制,其运算规律是逢十进一,借一当十,一般用后缀 D 表示十进制数。十进制数中有 0、1、2、3、4、5、6、7、8、9 共 10 个不同的数码。同一数码处在不同的数位,代表的数值不同。具体数值等于这个数码与对应位权的乘积,位权为 10^i,其中的 i 是数位序位数,10 为基数。每位数码乘以对应的权所得的乘积之和即为所表示的数。例如:

$$2345.12 = 2 \times 10^3 + 3 \times 10^2 + 4 \times 10^1 + 5 \times 10^0 + 1 \times 10^{-1} + 2 \times 10^{-2}$$

十进制数虽然非常符合我们的使用习惯,但在计算机中却无法采用。因为计算机只能使用两种数值,即 0 和 1,所以必须采用二进制数进行运算。

2. 二进制数(Binary Number)

二进制数的表示方法和十进制数类似,但其只含有两个数码 0 和 1,其运算规律是逢二进一,借一当二。二进制数的基数是 2,位权是 2^i。为了和其他进制区别,一般用下标 2 或后缀 B 表示二进制数。例如:

$$1011.01_2 = 1011.01B = 1 \times 2^3 + 0 \times 2^2 + 1 \times 2^1 + 1 \times 2^0 + 0 \times 2^{-1} + 1 \times 2^{-2}$$

3. 八进制数(Octal Number)

八进制数的基数是 8,计算规律是逢八进一,借一当八。八进制数包括 0、1、2、3、4、5、6、7 共 8 个不同的数,同一数码代表的数值大小是由该数码所在的位置决定的,位权为 8^i,一般用下标 8 或后缀 Q 表示。例如:

$$4352.56_8 = 4352.56Q = 4 \times 8^3 + 3 \times 8^2 + 5 \times 8^1 + 2 \times 8^0 + 5 \times 8^{-1} + 6 \times 8^{-2}$$

4. 十六进制数(Hexadecimal Number)

由于用二进制数表示的数基数小,位数较多,不便读写和记忆,而且容易出错。基于 $2^4 = 16$ 的关系,可用十六进制数表示二进制数,这样表达起来简洁明了,而且不像二进制数那样容易出错。十六进制数的运算规律是逢十六进一,借一当十六,基数是 16。十六进制数有 16 个不同的数码,即 0、1、2、3、4、5、6、7、8、9、A、B、C、D、E、F,位权为 16^i,数值计算方法和其他进制类似,字母 A~F 分别对应于十进制的 10~15,一般用下标 16 或后缀 H 表示。例如:

$$A83E.76_{16} = A83E.76H = 10 \times 16^3 + 8 \times 16^2 + 3 \times 16^1 + 14 \times 16^0 + 7 \times 16^{-1} + 6 \times 16^{-2}$$

5. 进制之间的转换

1)二进制数转换成十进制数

方法:按位权展开,然后按十进制数相加,所得结果即为十进制数。例如:

$$1001.11B = 1 \times 2^3 + 0 \times 2^2 + 0 \times 2^1 + 1 \times 2^0 + 1 \times 2^{-1} + 1 \times 2^{-2}$$
$$= 8 + 0 + 0 + 1 + 0.5 + 0.25$$
$$= 9.75$$

推论:任意进制数转换成十进制数的方法同上。例如:

$$586.AH = 5 \times 16^2 + 8 \times 16^1 + 6 \times 16^0 + 10 \times 16^{-1}$$
$$= 1280 + 128 + 6 + 0.625$$
$$= 1414.625$$

2)十进制数转换成二进制数

方法:将整数部分和小数部分看成两个数分别转换。整数部分除以 2 取余,然后倒序排列，所得结果即为二进制数的整数部分；小数部分乘以 2 取整，然后正序排列，所得结果即为二进制数的小数部分。例如：

$$
\begin{array}{r|l}
2 & 56 \\
2 & 28 \quad \text{余数为 0，} d_0 \text{位（最低位）} \\
2 & 14 \quad \text{余数为 0，} d_1 \text{位} \\
2 & 7 \quad \text{余数为 0，} d_2 \text{位} \\
2 & 3 \quad \text{余数为 1，} d_3 \text{位} \\
2 & 1 \quad \text{余数为 1，} d_4 \text{位} \\
& 0 \quad \text{余数为 1，} d_5 \text{位（最高位）}
\end{array}
$$

由低到高

结果：56D＝111000B

$$
\begin{array}{r}
0.6875 \\
\times \quad 2 \\
\hline
1.3750 \quad \text{整数部分为 1，} d_{-1} \text{（最高位）} \\
0.3750 \\
\times \quad 2 \\
\hline
0.7500 \quad \text{整数部分为 0，} d_{-2} \\
\times \quad 2 \\
\hline
1.5000 \quad \text{整数部分为 1，} d_{-3} \\
0.5000 \\
\times \quad 2 \\
\hline
1.0000 \quad \text{整数部分为 1，} d_{-4} \text{（最低位）}
\end{array}
$$

由高到低

结果：0.6785D＝0.1011B

推论：十进制数转换成任意进制数的方法同上。

3）二进制数转换成十六进制数

方法：每 4 位二进制数转换成 1 位十六进制数。例如：

0010 0011 0110.1011 1010B＝236.BAH

0010	0011	0110	.	1011	1010
↓	↓	↓	↓	↓	↓
2	3	6	.	B	A

同理可知，十六进制数转换成二进制数的方法：每 1 位十六进制数转换成 4 位二进制数。

4）二进制数转换成八进制数

方法：每 3 位二进制数转换成 1 位八进制数即可。例如：

100110011.1011B＝233.54Q

010	011	011	.	101	100
↓	↓	↓	↓	↓	↓
2	3	3	.	5	4

同理可知，八进制数转换成二进制数的方法：每 1 位八进制数转换成 3 位二进制数。

6. 有符号二进制数的编码

在计算机运算中，通常将有符号数、字母、数字和字符用二进制代码按一定规律编排，使每组代码具有特定的含义，这些代码称为计算机编码。有符号二进制数的正负号分别用"＋"和"－"来表示。一般规定最高位为符号位，最高位为"0"表示正数，为"1"表示负数。这种将符号数值化的数称为机器数，而原来的数值称为机器数的真值。有符号二进制数有 3 种表示方法，即原码、反码和补码。

1）原码

原码的表示方法：正数的符号位用"0"表示，负数的符号位用"1"表示。

0 的原码有两种表示形式：$[+0]_原 = 00000000$，$[-0]_原 = 10000000$。

原码的特点：采用原码表示简单直观，但 0 的表示不唯一，加减运算复杂。8 位二进制数的原码能表示的范围为 11111111B～01111111B（－127～＋127）。

2）反码

反码的表示方法：正数的反码与原码表示形式相同；负数反码的符号位为 1，数值位按位取反。

0 的反码有两种表示形式：$[+0]_反 = 00000000$，$[-0]_反 = 11111111$。

反码的特点：8 位二进制数的反码能表示的范围为 10000000B～01111111B（－127～＋127）。

3）补码

补码的表示方法：正数的补码表示与原码表示形式相同；负数补码的符号位为 1，数值位按位求反加 1。

0 的补码只有一种表示形式：$[+0]_补 = [-0]_补 = 00000000$。

补码的特点：0 的表示唯一，加减运算方便。8 位二进制数的补码能表示的范围为 10000000B～01111111B（－128～＋127）。

补码的加法运算规则：$[X+Y]_补 = [X]_补 + [Y]_补$。

补码的减法运算规则：$[X-Y]_补 = [X]_补 - [Y]_补 = [X]_补 + [-Y]_补$。

在计算机运算中，有符号数一般用补码表示，无论是加法还是减法都可采用加法运算，且应连同符号位一起进行运算，运算的结果仍为补码。

7. 二进制编码

在计算机运算中，对数字、字母和字符用二进制代码进行编码的方法很多，二进制数的位数越长，所能编码的数字、字母和字符就越多。常用的二进制编码有 BCD 码、ASCII 码等。

1）BCD 码

用 4 位二进制编码表示的十进制数称为二—十进制数，简称 BCD（Binary Coded Decimal）码。BCD 码保留了十进制的权，采用 4 位二进制数给 0～9 这 10 个数字编码。由于十进制数只有 10 个数码，最少需要 4 位二进制数才能表示，但 4 位二进制数可以产生 16 种编码，从这 16 种状态中任意选取 10 种，就形成了多种 BCD 码，如 8421 码、2421 码和余 3 码等。最常用的编码是 8421BCD 码（以下简称 BCD 码），组成它的 4 位二进制数码的权分别是 8、4、2、1。8421BCD 码与十进制数的具体对应关系详见表 1－1。

表 1 - 1　8421BCD 码与十进制数的对应关系表

十进制数	8421BCD 码	十进制数	8421BCD 码	十进制数	8421BCD 码
0	0000	6	0110	12	00010010
1	0001	7	0111	13	00010011
2	0010	8	1000	14	00010100
3	0011	9	1001	15	00010101
4	0100	10	00010000	16	00010110
5	0101	11	00010001	17	00010111

　　BCD 码的加减法运算与十进制运算规则相同,加法为逢十进一,减法为借一当十。

　　BCD 码加法运算的修正原则:若和的低 4 位大于 9 或低 4 位向高 4 位有进位,则低 4 位加 6;若高 4 位大于 9 或高 4 位向最高位有进位,则高 4 位加 6。

　　BCD 码减法运算的修正原则:若差的低 4 位大于 9 或低 4 位向高 4 位有借位,则低 4 位减 6;若高 4 位大于 9 或高 4 位向最高位有借位,则高 4 位减 6。

　　2) ASCII 码

　　ASCII 码(American Standard Coded for Information Interchange)是"美国信息交换标准代码"的简称,已成为国际通用的标准编码。

　　ASCII 码采用 7 位二进制编码,可为 128 个字符编码,这 128 个字符可分为图形字符和控制字符两类。ASCII 码字符表如表 1 - 2 所示。

表 1 - 2　ASCII 码字符表

字 符	高位	0	1	2	3	4	5	6	7
低位		000	001	010	011	100	101	110	111
0	0000	NUL	DLE	SP	0	@	P	、	p
1	0001	SOH	DC1	!	1	A	Q	a	q
2	0010	STX	DC2	"	2	B	R	b	r
3	0011	ETX	DC3	#	3	C	S	c	s
4	0100	EOT	DC4	$	4	D	T	d	t
5	0101	ENQ	NAK	%	5	E	U	e	u
6	0110	ACK	SYN	&	6	F	V	f	v
7	0111	BEL	ETB	'	7	G	W	g	w
8	1000	BS	CAN	(	8	H	X	h	x
9	1001	HT	EM	)	9	I	Y	j	y
A	1010	LF	SUB	*	:	J	Z	j	z
B	1011	VT	ESC	+	;	K	[	k	{
C	1100	FF	FS	,	<	L	\	l	|
D	1101	CR	GS	-	=	M	]	m	}
E	1110	SO	RS	.	>	N	^	n	~
F	1111	SI	US	/	?	O	_	o	DEL

图形字符：包括 10 个十进制数符、52 个大小写英文字母和 34 个其他字符，共计 96 个。图形字符具有特定的形状，可以在显示器上显示。

控制字符：包括回车、换行、退格等，共计 32 个。控制字符没有特定的形状，但具有一定的控制作用，不能在显示器上显示。

8. 位、字节与字

位、字节、字以及字长都是计算机中常用的概念。

1）位(Bit)

位通常指一个二进制位，它是计算机中信息存储的最小单位，一般用英文小写字母"b"表示。

2）字节(Byte)

字节指 8 个二进制位，通常存储器是以字节为单位存储信息的，一般用英文大写字母"B"表示。

3）字(Word)及字长

字是计算机内部进行数据处理、数据传递的基本单元。一个字所包含的二进制位数称为字长，一般用英文大写字母"W"表示。计算机中通常定义一个字长为两个字节。

1.1.2　单片机的基本概念

1. 单片机的定义

单片机是什么？简单一点说就是将日常生活中使用的 PC 的显示器、键盘、鼠标等设备拔掉，只留下主机箱，然后把主机箱中的部件缩小到一个芯片大小，这个芯片就是单片机(即单一芯片微型计算机，Single Chip Microcomputer，SCM)。日常生活中使用的 PC 是一种微型的计算机系统，内部结构主要由 CPU、内存、内部功能单元和输入/输出(Input/Output，I/O)接口电路等部分组成，每一部分至少需要一个集成电路，各个部件通过主板连接才能组成计算机的主机，如图 1-1 所示。

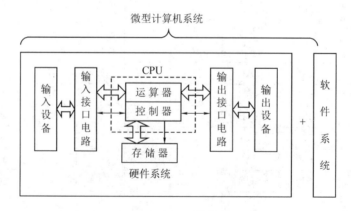

图 1-1　微型计算机系统组成示意图

单片机是一种集成在一个芯片上的微型计算机系统，其内部结构示意图如图 1-2 所示。

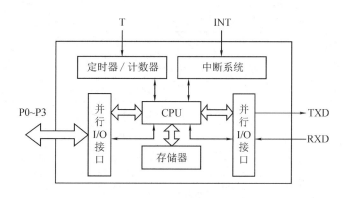

图 1-2　单片机内部结构示意图

单片机与计算机系统的主要区别在于其结构、组成以及应用领域均不同于计算机系统。首先，单片机把组成微型计算机的各种功能部件，包括 CPU、随机存取存储器 RAM、只读存储器 ROM、基本 I/O 接口电路、定时器/计数器、中断控制、系统时钟及系统总线等部件都集成在一块芯片上，构成了一个完整的微型计算机硬件。单片机在早期的自动化生产控制领域中应用十分广泛，因此单片机也称为微控制器（Microcontroller Unit），简称 MCU。

2. 单片机系列

Intel 公司的 8051 单片机是出现较早也是最成熟的单片机，该单片机的字长为 8 位，具有完善的结构、优越的性能、较高的性价比以及较低要求的开发环境，已成为市场主流单片机。其他厂商以 8051（Intel 公司将其技术授权给其他公司生产，自己主要开发 PC 芯片）为基核开发出的单片机产品统称为 MCS-51 系列。当前常用的 51 系列单片机主要产品包括 Intel 的 80C31、80C51、87C51、80C32、80C52、87C52 等，Atmel 的 89C51、89C52、89C2051 等，Philips、华邦、Dallas、Siemens（Infineon）等，国产品牌 STC 等。

3. 单片机最小应用系统

图 1-3 为单片机控制发光二极管闪亮电路图，通过以下介绍可以了解单片机应用系统的基本组成和功能以及单片机的基本工作过程。

如图 1-3 所示，9 脚为复位管脚，18、19 脚为时钟输入管脚，31 脚为片内 ROM 屏蔽管脚，20、40 脚为电源管脚，各管脚的接法基本固定。1 脚为 I/O 管脚，连接被控制的发光二极管灯。

由图 1-3 可知，当 P1.0 输出 0（0 V）时，LED 亮；当 P1.0 输出 1（5 V）时，LED 灭，反复亮灭即实现闪亮。

单片机的控制程序如表 1-3 所示，属于汇编语言源程序。其中，第一列为对应指令转换成的二进制代码（称为机器码或机器语言程序），第二列为对应指令存储在 ROM 中的地址，第三列为汇编语言程序。

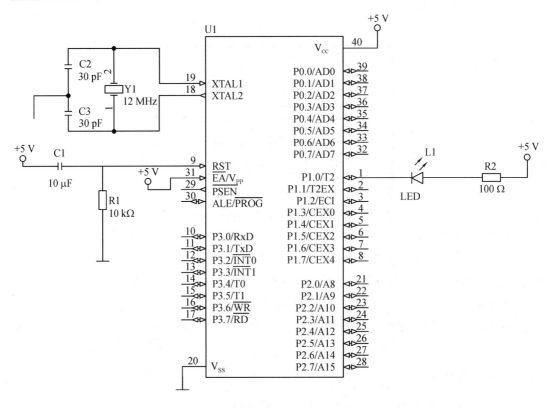

图 1-3　单片机控制发光二极管闪亮电路图

表 1-3　汇编语言源程序

机器码 （十六进制形式）	存储地址	汇编语言程序		
		标号	程序	注释
		ORG	0000H	
C2 90	0000H	START：CLR	P1.0	灯亮
12 00 0D	0002H	LCALL	DELAY	延时
D2 90	0005H	SETB	P1.0	灯灭
12 00 0D	0007H	LCALL	DELAY	
02 00 00	000AH	LJMP	START	返回，从 START 开始重复
7D 14	000DH	DELAY：MOV	R5，#20	延时子程序，延时 0.2 秒
7E 14	000FH	D1：MOV	R6，#20	
7F F8	0011H	D2：MOV	R7，#248	
DF FE	0013H	DJNZ	R7，$	
DF FA	0015H	DJNZ	R6，D2	
DD F6	0017H	DJNZ	R5，D1	
22	0019H	RET		子程序返回
		END		程序结束

单片机程序除了可以用汇编语言编写外，还可以用 C 语言编写，C 语言程序如下：

```
#include <reg51.h>
sbit L1=P1^0;
void delay02s(void)          //延时 0.2 秒子程序
{
  unsigned char i, j, k;
  for(i=20; i>0; i——)
    for(j=20; j>0; j——)
      for(k=248; k>0; k——);
}
void main(void)              //主程序
{
  while(1)
    {
      L1=0;
      delay02s();
      L1=1;
      delay02s();
    }
}
```

4. 单片机应用

在实际应用中，通常很难将单片机直接和被控对象进行电气连接，必须外加各种扩展接口电路、外部设备、被控对象等硬件以及软件，才能构成一个单片机应用系统。图 1-4 是一个由单片机设计的自动打铃系统原理图，其中电铃的驱动电源是～220 V，而单片机的输出为－5 V 电源，不能直接驱动电铃，所以采用单片机驱动继电器，由继电器驱动电铃。

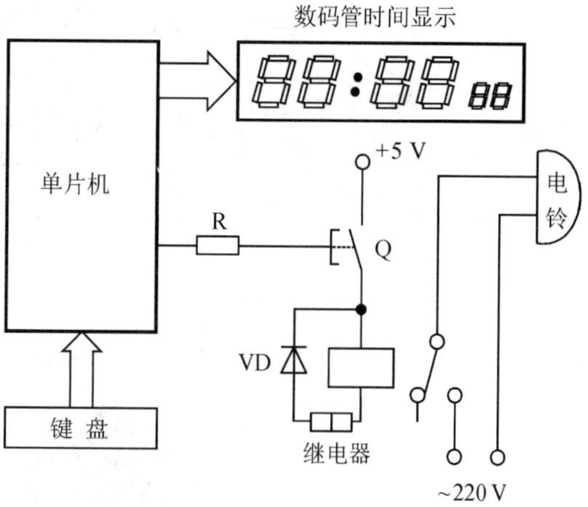

单片机是一种芯片级计算机系统，具有数据运算和处理的能力，可以嵌入到很多电子设备的电路系统中，实现智能化检测和控制。单片机应用领域非常广泛，主要集中在以下几个方面。

图 1-4　自动打铃系统原理图

1) 自动控制

工业自动化控制是最早采用单片机控制的领域之一。单片机结合不同类型的传感器，可实现湿度、温度、流量、压力、速度和位移等物理量的测量，同时其在测控系统、工业生产机器人的过程控制、医疗、机电一体化设备和仪器仪表中有着广泛的应用。

2) 家用电器

单片机系统具有体积小、功耗低、扩展灵活、使用方便等优点，在家用电器方面也有着广泛应用。单片机系统能够完成电子系统的输入和自动操作，非常适合于对家用电器的智能控制。嵌入单片机的家用电器可实现智能化,是传统型家用电器的更新换代。单片机现已广泛应用于全自动洗衣机、空调、电视机、微波炉、电冰箱以及各种视听设备中。

3) 其他领域

智能化的集中显示系统、动力监测控制系统、自动驾驶系统、通信系统和运行监视系统中的各种仪表等装置都离不开单片机。单片机在机器人、汽车、航空航天、军事等领域也有广泛的应用。

1.1.3 单片机的外部引脚

1. 单片机外部引脚和逻辑符号

常用的 AT89C51/52、STC89C51 单片机均采用 DIP40 封装。图 1 - 5(a)为 DIP40 单片机封装外形引脚的分布,图 1 - 5(b)为该单片机的电路符号。40 个引脚按功能分为 4 个部分,即电源引脚(V_{CC} 和 V_{SS})、时钟引脚(XTAL1 和 XTAL2)、控制信号引脚(RST、$\overline{EA}$、$\overline{PSEN}$ 和 ALE)以及 I/O 端口引脚(P0~P3),实物图如图 1 - 5(c)。

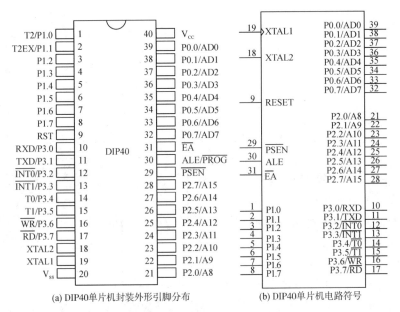

(a) DIP40单片机封装外形引脚分布   (b) DIP40单片机电路符号

(c) 实物外形

图 1 - 5　51系列单片机的引脚分布及实物外形图

2. 电源引脚

40 脚 V_{CC} 为单片机电源正极引脚，20 脚 V_{SS} 为单片机的接地引脚。在正常工作情况下，V_{CC} 接 +5 V 电源，为了保证单片机运行的可靠性和稳定性，电源电压误差不应超过 0.5 V。在移动的单片机系统中，可以用 4 节镍镉电池或镍氢电池直接供电，实验情况下也可以用 3 节普通电池或计算机的 USB 总线接口电源供电；在嵌入式的单片机系统中，采用集成稳压器 7805 提供电源。图 1-6 为简单的单片机集成稳压电源，为了提高电路的抗干扰能力，电源正极与地之间接有 0.1 μF 独立电容。

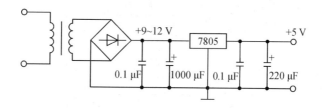

图 1-6　单片机集成稳压电源

3. 控制信号引脚

9 脚 RST/VPD 为复位/备用电源引脚。在此引脚上外加两个机器周期的高电平就会使单片机复位（RESET）。单片机正常工作时，此引脚应为低电平。在单片机掉电期间，此引脚可接备用电源（+5V）。在系统工作的过程中，如果 V_{CC} 低于规定的电压值，VPD 就会向片内 RAM 提供电源，以保持 RAM 内的信息不丢失。

30 脚 ALE/$\overline{PROG}$ 为锁存信号输出/编程引脚。在扩展了外部存储器的单片机系统中，单片机访问外部存储器时，ALE 用于锁存低 8 位的地址信号。如果系统没有扩展外部存储器，ALE 端输出周期性的脉冲信号，频率为时钟振荡频率的 1/6，可用于对外输出的时钟。对于 EPROM 型单片机，此引脚用于输入编程脉冲。

29 脚 $\overline{PSEN}$ 脚为输出访问片外程序存储器的读选通信号引脚。在 CPU 从外部程序存储器读取指令期间，该信号在每个机器周期内两次有效。在访问片外数据存储器期间，这两次 $\overline{PSEN}$ 信号将不出现。

31 脚 $\overline{EA}/V_{PP}$ 用于区分片内外低 4 KB 范围的存储器空间。该引脚接高电平时，CPU 访问片内程序存储器 4 KB 的地址范围。若 PC 值超过 4 KB 的地址范围，CPU 将自动转向访问片外程序存储器；当此引脚接低电平时，则只访问片外程序存储器，忽略片内程序存储器。8031 单片机没有片内程序存储器，此引脚必须接地。对于 EPROM 型单片机，在编程期间，此引脚需加较高的编程电压 V_{PP}，一般为 +12 V。

4. 单片机的 I/O 端口引脚

单片机的 I/O 端口是用来控制输入和输出的端口，DIP40 封装的 51 单片机共有 P0、P1、P2、P3 四组端口，分别与单片机内部 P0、P1、P2、P3 四个寄存器对应，每组端口有 8 位，因此 DIP40 封装的 51 单片机共有 32 个 I/O 端口。

P0 端口分别占用 32～39 脚，依次命名为 P0.0～P0.7。与其他 I/O 端口不同，P0 端口是漏极开路型双向 I/O 端口。在访问片外存储器时，P0 端口分别作为低 8 位地址线和 8 位双向数据总线，此时不需外接上拉电阻。如果将 P0 端口作为通用的 I/O 端口使用，则要求外接上拉电阻或排阻，每位以吸收电流的方式驱动 8 个 LSTTL 门电路或其他负载。P0 端口中任意一位电路原理图如图 1-7 所示。

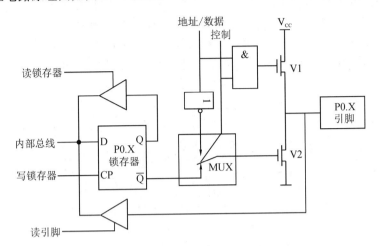

图 1-7　P0 端口中任意一位电路原理图

P1 端口占用 1~8 脚，分别是 P1.0~P1.7。P1 端口是一个带内部上拉电阻的 8 位双向 I/O 端口，每位能驱动 4 个 LSTTL 门负载。这种接口没有高阻状态，输入不能锁存，因而不是真正的双向 I/O 端口。

P2 端口的 8 个引脚占用 21~28 脚，分别是 P2.0~P2.7。P2 端口也是一个带内部上拉电阻的 8 位双向 I/O 端口。在访问外部存储器时，P2 端口输出高 8 位地址，每位也可以驱动 4 个 LSTTL 负载。

P3 端口的 8 个引脚占用 10~17 脚，分别是 P3.0~P3.7。P3 是双功能端口，作为普通 I/O 端口使用时，同 P1、P2 端口一样；作为第二功能使用时，引脚定义见表 1-4。P3 端口引脚具有的第二功能，能使硬件资源得到充分利用。

表 1-4　P3 端口的第二功能表

I/O 端口线	第二功能定义	功能说明
P3.0	RXD	串行输入口
P3.1	TXD	串行输出口
P3.2	$\overline{\text{INT0}}$	外部中断 0 输入端
P3.3	$\overline{\text{INT1}}$	外部中断 1 输入端
P3.4	T0	T0 外部计数脉冲输入端
P3.5	T1	T1 外部计数脉冲输入端
P3.6	$\overline{\text{WR}}$	外部 RAM 写选通脉冲输出端
P3.7	$\overline{\text{RD}}$	外部 RAM 读选通脉冲输出端

5. 时钟引脚

单片机有两个时钟引脚，分别是 19 脚 XTAL1 和 18 脚 XTAL2，用于提供单片机的工作时钟信号。单片机是一个复杂的数字系统，内部 CPU 以及时序逻辑电路都需要时钟脉冲，所以单片机需要有精确的时钟信号。

　　单片机内部含有振荡电路，19 脚和 18 脚用来外接石英晶体和微调电容。在使用外部时钟时，XTAL2 用于输入时钟脉冲。如图 1-8 所示为单片机时钟电路，其中图 1-8(a) 为晶体振荡电路，图 1-8(b) 为外部时钟输入电路。利用外部时钟输入时，要根据单片机型号 XTAL1 接地或悬空，并考虑时钟电平的兼容性。

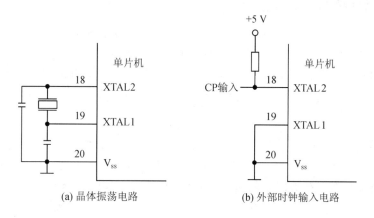

图 1-8　单片机时钟电路

　　掌握单片机系统的结构组成是设计单片机应用系统的基础，只有对单片机的硬件组成有一个全面的了解，才能更好地去应用单片机系统所提供的硬件资源，设计出性价比较高的实际应用系统。

1.2　单片机内部的主要部件

　　单片机内部电路比较复杂，根据功能，MCS-51 系列的 8051 型号单片机的内部电路可以分为 CPU、RAM、ROM/EPROM、并行口、串行口、定时器/计数器、中断系统及特殊功能寄存器(SFR)等 8 个主要部件，如图 1-9 所示。这些部件通过片内的单一总线相连，

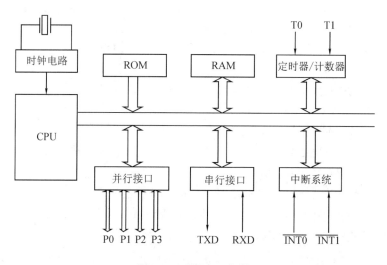

图 1-9　MCS-51 架构

采用 CPU 加外围芯片的结构模式，各个功能单元都采用特殊功能寄存器集中控制的方式。其他公司的 51 系列单片机与 8051 结构类似，只是根据用户需要增加了特殊的部件，如 A/D 转换器等。在设计程序过程中，寄存器的使用非常频繁。在了解单片机内部组成结构的基础上，本节重点介绍单片机内部常用寄存器的作用。

1.2.1　中央处理器

中央处理器(CPU)是单片机的核心，主要功能是产生各种控制信号，根据程序中每一条指令的具体功能，控制寄存器和输入/输出端口的数据传送，进行数据的算术运算、逻辑运算以及位操作等处理。MCS-51 系列单片机的 CPU 字长是 8 位，能同时处理 8 位二进制数或代码，也可一次处理一位二进制数据。单片机的 CPU 从功能上一般可以分为控制器和运算器两部分。

1. 控制器

控制器由程序计数器 PC、指令寄存器、指令译码器、定时控制与条件转移逻辑电路等组成。其功能是对来自存储器中的指令进行译码，通过定时电路，在规定的时刻发出各种操作所需的所有内部和外部的控制信号，使各部分协调工作，完成指令所规定的功能。各部分功能部件简述如下。

1) 程序计数器 PC(Program Counter)

程序计数器 PC 是一个 16 位的专用寄存器，用来存放下一条指令的地址，具有自动加 1 的功能。当 CPU 要读取指令时，PC 的内容传送到地址总线上；从存储器中取出一个指令码后，PC 内容自动加 1，指向下一个指令码，以保证程序按顺序执行。

如上所述，在顺序执行程序时，单片机每执行一条指令，PC 就自动加 1，以指示出下一条要读取指令的存储单元的 16 位地址。也就是说，CPU 总是把 PC 的内容作为地址，根据该地址从存储器中取出指令码或包含在指令中的操作数。51 系列单片机的寻址范围为 64K，所以，PC 中数据的编码范围为 0000H～FFFFH，共 64K。单片机上电或复位时，PC 自动清零，即装入地址 0000H，这就保证了单片机上电或复位后，程序从 0000H 地址开始执行。

2) 指令寄存器 IR(Instruction Register)

指令寄存器 IR 是一个 8 位寄存器，用于暂存待执行的指令，等待译码。

3) 暂存器 TMP(Temporary)

暂存器 TMP 用于暂存进入运算器之前的数据。

4) 指令译码器 ID(Instruction Decoder)

指令译码器 ID 对指令寄存器中的指令进行译码，将指令变为执行此指令所需要的电信号，根据译码器的输出信号，再经定时电路定时产生执行该指令所需要的各种控制信号。

5) 数据指针 DPTR(Data Pointer)

数据指针 DPTR 是一个 16 位的专用地址指针寄存器，主要用来存放 16 位地址，常用作间址寄存器、访问片外 64 KB 的数据存储器和 I/O 端口及程序存储器。数据指针由两个独立的特殊功能寄存器组成，分别为 DPH(高 8 位)和 DPL(低 8 位)，占据 83H 和 82H 两个地址。

DPTR 与 PC 不同，DPTR 有自己的地址，可以进行读/写操作；而 PC 没有地址，不能对其进行读/写操作，但可以通过转移、调用、返回编程操作改变其内容，从而实现程序的转移。

2．运算器

运算器主要进行算术和逻辑运算。运算器由算术逻辑单元 ALU、累加器 ACC、程序状态字 PSW、BCD 码运算电路、通用寄存器 B 和一些专用寄存器及位处理逻辑电路等组成。

1）算术逻辑单元 ALU(Arithmetic Logic Unit)

算术逻辑单元 ALU 由加法器和其他逻辑电路等组成，用于完成数据的算术逻辑运算、循环移位、位操作等。参加运算的两个操作数，一个由累加器通过暂存器 2 提供，另外一个由暂存器 1 提供，运算结果送回累加器，状态送至 PSW。

2）累加器 ACC(Accumulator)

累加器 ACC 是一个 8 位特殊功能寄存器，简称 A，通过暂存器与 ALU 传送信息，用来存放一个操作数或中间结果。

3）程序状态字 PSW(Program Status Word)

PSW 也是一个 8 位的特殊功能寄存器，用于存储程序运行过程中的各种状态信息。

4）其他部件

暂存器用来存放中间结果。B 寄存器用于乘法和除法时，提供一个操作数，对于其他指令，只用作暂存器。

5）位处理器

单片机能处理布尔操作数，可对位地址空间中的位直接寻址，进行清零、取反等操作。这种功能提供了把逻辑式（随机组合逻辑）直接变为软件程序的简单明了的方法，不需要过多的数据传送、字节屏蔽和测试分支，就能实现复杂的组合逻辑功能。

位处理器是单片机的一个特殊组成部分，具有相应的指令系统，可提供 17 条位操作指令。单片机的硬件上有自己的"累加器"和位寻址 RAM、I/O 端口空间，是一个独立的位处理器。位处理器和 8 位处理器可形成完美的组合。

1.2.2　存储器

单片机内部包含随机存取存储器 RAM 和程序存储器 ROM。RAM 用于保存单片机运行的中间数据；ROM 不仅可用于装载程序，增强 51 系列也可以在单片机运行过程中利用程序把数据存储在 ROM 的部分空间内。51 系列单片机在系统结构上采用哈佛结构（Harvard Architecture），即程序存储器和数据存储器的寻址空间是分开管理的。它共有 4 个物理上独立的存储器空间，即内部和外部程序存储器及内部和外部数据存储器。从用户的角度看，单片机的存储器逻辑上可分为三个存储空间，如图 1 - 10 所示，即统一编址的 64 KB 的程序存储器地址空间（包括片内 ROM 和外部扩展 ROM，地址为 0000H~FFFFH）、256 B 的片内数据存储地址空间（包括 128 B 的片内 RAM 和特殊功能寄存器的地址空间）和 64 KB 的外部扩展的数据存储器地址空间。图 1 - 10(c) 中 $\overline{EA}$ 是单片机的程序扩展控制引脚。

1．单片机的 RAM

51 单片机芯片中共有 256 个字节的 RAM 单元，但其中 128 个字节被专用寄存器占用，能作为存储单元供用户使用的只是前 128 B 的空间，用于存放可读/写的数据。因此通常所说的内部数据存储器就是指前 128 B 的空间,简称片内 RAM。在程序比较复杂且运算变量较多而导致 51 单片机内部 RAM 不够用时,可根据实际需要在片外扩展,最多可扩展 64 KB。但在实际应用中如需要大容量 RAM 时,往往会利用增强型的 51 单片机而不再扩展片外 RAM。增强型的 51 系列单片机如 52 和 58 子系列分别有 256 B 和 512 B 的 RAM 单元。

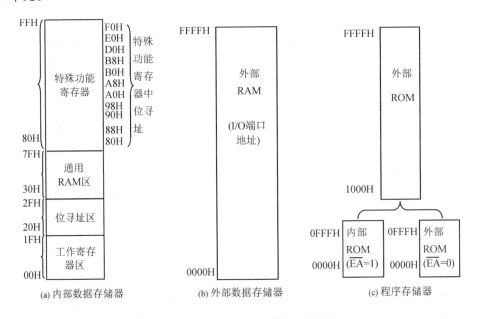

图 1-10　51 单片机的存储器空间分布

51 单片机片内 128 B 的 RAM 根据功能可划分为工作寄存器区(地址 00H～1FH)、位寻址区(地址 20H～2FH)、一般 RAM 区(地址 30H～7FH)和堆栈区(地址 2FH 以后),其中位寻址区共 16 字节 128 个单元。

51 单片机共有 21 个特殊功能寄存器(Special Function Register,SFR),它是片内 RAM 的一部分。特殊功能寄存器用于对片内各功能模块进行监控和管理,包括一些控制寄存器和状态寄存器,与片内 RAM 单元统一编址。

2. 内部程序存储器(内部 ROM)

51 单片机共有 4 KB 的 ROM,由于单片机的生产商不同,内部程序存储器可以是 EEPROM 或 Flash ROM。可根据实际需要在片外扩展,最多可扩展 64 KB。增强型的 51 单片机内部 ROM 空间可以达到 64 KB,在使用时不需再扩展片外 ROM。

数据存储器、程序存储器以及位地址空间的地址有一部分是重叠的,但在具体寻址时,可由不同的指令格式和相应的控制信号来区分不同的地址空间,因此不会造成冲突。

1.2.3　单片机的其他部件

51 单片机还包含定时器/计数器、并行 I/O 端口、串行口、中断系统及时钟电路等部件。

51 单片机有两个 16 位的定时器/计数器,具有 4 种工作方式,以实现定时或计数功能,并以其定时或计数结果对系统进行控制。

　　51 单片机共有 4 个 8 位的 I/O 端口（P0、P1、P2、P3 端口），表现在单片机外部共有 32 个引脚，内部与寄存器连接，以实现数据的并行输入/输出。

　　51 单片机包含一个全双工的串行口，具有 4 种工作方式，以实现单片机和其他设备之间的串行数据传送。该串行口功能较强，既可作为全双工异步通信收发器使用，也可作为同步移位器使用。

　　为满足控制应用的需要，51 单片机共有 5 个中断源，即外部中断两个，定时/计数中断两个，串行口中断一个。全部中断分为高级和低级两个优先级别。

　　时钟电路为单片机产生时钟脉冲序列。51 单片机芯片的内部包含时钟电路，但石英晶体和微调电容需外接电路，系统常用的晶振频率一般为 6 MHz 或 12 MHz。

　　从上面的介绍可以看出，51 系列单片机虽然只是一个芯片，但已包含作为计算机应该具有的基本部件，实际上单片机就是一个基本的微型计算机系统。

　　增强型 51 系列单片机与 51 系列单片机完全兼容，但内部资源在 51 系列单片机的基础上有所增加。如 52 子系列片内 ROM 从 4 KB 增加到 8 KB，片内 RAM 从 128 B 增加到 256 B，定时器/计数器从 2 个增加到 3 个，中断源从 5 个增加到 6 个，这些功能的增强大大拓展了 8 位单片机的应用空间。

　　STC8951RC 系列单片机为增强型 51 系列单片机，表 1 - 5 给出了 STC89 系列单片机常用的几种内部资源，此类型单片机支持串口在线下载，并且有低功耗、速度快、稳定可靠、价格低等优点。

表 1 - 5　STC89 系列单片机内部资源

STC89 系列型号	Flash	SRAM	E² PROM	定时器	替换型号
STC89C51RC	4 KB	512 B	2 KB	3	STC10F04XE
STC89C52RC	8 KB	512 B	2 KB	3	STC10F08XE
STC89C58RD	32 KB	1280 B	6 KB	3	STC11F32XE

1.2.4　特殊功能寄存器

　　特殊功能寄存器（Special Function Register，SFR）是通过专门规定而且具有特定用途的 RAM 部分，是单片机内部的重要部件。特殊功能寄存器能综合反映单片机系统内部的工作状态和工作方式，其中一部分可用作内部控制，如定时器/计数器和串行口的控制。如果改变控制寄存器的状态就可以改变其功能，使单片机内部硬件的控制以可编程的形式体现。51 系列单片机内部堆栈指针 SP、累加器 A、程序状态字 PSW、I/O 锁存器、定时器、计数器、控制寄存器和状态寄存器等都是特殊功能寄存器，和片内 RAM 统一编址。这些特殊功能寄存器分散占用 80～FFH 单元，共有 21 个，增强型的 52 系列单片机则有 26 个。表 1 - 6 列出了单片机的特殊功能寄存器名称、标识符和对应的字节地址，其中还包含有 52 系列的寄存器 T2、T2CON 等。在单片机 C 语言编程应用中，会经常用到单片机的特殊功能寄存器标识符。下面只介绍其中的部分寄存器，其他一些控制寄存器会在单片机内部资源编程应用中详细介绍。

表 1-6　MCS-51 单片机的特殊功能寄存器

符号	地址	功 能 介 绍
B	F0H	B 寄存器
ACC	E0H	累加器
PSW	D0H	程序状态字
TH2 *	CDH	定时器/计数器 2(高 8 位)
TL2 *	CCH	定时器/计数器 2(低 8 位)
RCAP2H *	CBH	外部输入(P1.1)计数器/自动再装入模式时初值寄存器高 8 位
RCAP2L *	CAH	外部输入(P1.1)计数器/自动再装入模式时初值寄存器低 8 位
T2CON *	C8H	T2 定时器/计数器控制寄存器
IP	B8H	中断优先级控制寄存器
P3	B0H	P3 端口锁存器
IE	A8H	中断允许控制寄存器
P2	A0H	P2 端口锁存器
SBUF	99H	串行口锁存器
SCON	98H	串行口控制寄存器
P1	90H	P1 端口锁存器
TH1	8DH	定时器/计数器 1(高 8 位)
TH0	8CH	定时器/计数器 1(低 8 位)
TL1	8BH	定时器/计数器 0(高 8 位)
TL0	8AH	定时器/计数器 0(低 8 位)
TMOD	89H	T0、T1 定时器/计数器方式控制寄存器
TCON	88H	T0、T1 定时器/计数器控制寄存器
DPH	83H	数据地址指针(高 8 位)
DPL	82H	数据地址指针(低 8 位)
SP	81H	堆栈指针
P0	80H	P0 端口锁存器
PCON	87H	电源控制寄存器

1. 累加器 ACC/A

　　累加器 A(Accumulator)为 8 位寄存器，是最常用的专用寄存器，功能较多，使用最为频繁。它既可用于存放操作数，也可用于存放运算的中间结果。51 系列单片机中大部分单操作数指令的操作数取自累加器，许多双操作数指令中的一个操作数也取自累加器。累加器有自己的地址，因而可以进行地址操作。

　　如果想让累加器中的内容为十进制数 56，简单的语句为

A ＝ 56；

在汇编语言中则要使用数据传输指令，命令格式为

MOV　A，♯56；

2．B 寄存器

B 寄存器是一个 8 位寄存器，主要用于乘除运算。乘法运算时，B 寄存器提供乘数。乘法操作后，乘积的高 8 位储存于 B 寄存器中。除法运算时，B 寄存器提供除数。除法操作后，余数储存于 B 寄存器中。此外，B 寄存器也可作为一般数据寄存器使用。例如：在 C 语言中 B＝56，或 abc＝B，abc 为用户自定义变量。

3．程序状态字 PSW

程序状态字 PSW(Program Status Word)是一个 8 位寄存器，用于存放程序运行中的各种状态信息。其中有些位的状态是由程序执行结果决定的，并通过硬件自动设置，而有些位的状态则使用软件方法设定。PSW 的位状态可以用专门指令进行测试，也可以用程序读出。一些条件转移程序可以根据 PSW 特定位的状态进行程序转移。PSW 各位标示符定义格式如下：

PSW.7	PSW.6	PSW.5	PSW.4	PSW.3	PSW.2	PSW.1	PSW.0
CY	AC	F0	RS1	RS0	OV	F1	P

PSW.7 为进位/借位标志(Carry，CY)，表示运算是否有进位或借位。其功能主要有两方面：一是存放算术运算的进位/借位标志，在进行加或减运算时，如果操作结果的最高位有进位或借位时，CY 由硬件置"1"，否则清"0"；二是在位操作指令中，可用作位累加器。

PSW.6 为辅助进位/借位标志位(Auxiliary Carry，AC)，也叫半/借进位标志位。在进行加减运算时，当低 4 位向高 4 位进位或借位时，AC 由硬件置"1"，否则 AC 位被清"0"。在 BCD 码的加法调整中也要用到 AC 位。

PSW.5 为用户标志位 F0(Flag 0)，是一个供用户定义的标志位，需要利用软件方法置位或复位，用以控制程序的转向。

PSW.4/PSW.3 为寄存器组选择位 RS1/RS0(Register Selection)，用于选择 CPU 当前使用的工作寄存器组，其对应关系如表 1-7 所示。

表 1-7　寄存器组的映射表

RS1	RS0	寄存器组	片内单元
0	0	第 0 组	00H～07H
0	1	第 1 组	08H～0FH
1	0	第 2 组	10H～17H
1	1	第 3 组	18H－1FH

RS1、RS0 两个选择位的状态是由程序设置的，被选中的寄存器组即为当前寄存器组。单片机上电或复位后，RS1/RS0＝00，即默认的工作寄存器组是第 0 组。

PSW.2 为溢出标志位 OV(Overflow)。在带符号数的加减运算中，OV＝1 表示加减运算超出了累加器 A 所能表示的符号数的有效范围(－128～＋127)，即产生了溢出，说明 A 中的数据只是运算结果的一部分；OV＝0 表示运算正确，即无溢出产生，说明 A 中的数据

就是全部运算结果。在乘法运算中，OV＝1表示乘积超过255，即乘积分别在B与A中；否则，OV＝0，表示乘积只在A中。在除法运算中，OV＝1表示除数为0，除法不能进行；否则，OV＝0，除数不为0，除法可正常进行。

PSW.1为用户标志位F1(Flag 1)，也是一个供用户定义的标志位，与F0类似。

PSW.0为奇偶标志位P(Parity)，表示累加器A中"1"的个数奇偶性，即完全由累加器运算结果中"1"的个数为奇数还是偶数决定。如果A中有奇数个"1"，则P置"1"，否则置"0"。注意：标志位P并非用于表示累加器A中数的奇偶性。凡是改变累加器A中内容的指令均会影响P标志位。P标志对串行通信中的数据传输有重要的意义。在串行通信中常采用奇偶校验的办法来校验数据传输的可靠性。

4. 数据指针DPTR

数据指针DPTR(Data Pointer)为16位寄存器。编程时，DPTR既可以按16位寄存器使用，也可以按两个8位寄存器分开使用，即可按DPTR的高位字节DPH和DPTR的低位字节DPL使用。

在系统扩展中，DPTR作为程序存储器和片外数据存储器的地址指针，可用来指示要访问的ROM和片外RAM的单元地址。由于DPTR是16位寄存器，因此，通过DPTR可寻址64 KB的地址空间。

5. 堆栈指针SP

堆栈是一个特殊的存储区，可用来暂存系统的数据或地址，它是按"先进后出"或"后进先出"的原则来存取数据的，而系统对堆栈的管理是通过8位的堆栈指针寄存器SP(Stack Pointer)来实现的，SP总是指向最新的栈顶位置。堆栈的操作分为进栈和出栈两种。

MCS-51系列单片机的堆栈设在片内RAM中，SP是一个8位寄存器。系统复位后，SP的初值为07H，但堆栈实际上是从08H单元开始的。由于08H～1FH单元分别属于工作寄存器1～3区，20H～2FH是位寻址区，如果程序要用到这些单元，最好把SP值改为2FH或更大的值。一般堆栈设于片内RAM的30H～7FH单元中。SP的内容一经确定，堆栈的位置也就跟着确定下来了。由于SP可初始化为不同值，因此堆栈的具体位置是可变的。

6. P0～P3

P0～P3是和输出/输入有关的4个特殊寄存器，实际上是4个锁存器。每个锁存器加上相应的驱动器和输入缓冲器就构成了一个并行口，并且为单片机外部提供32根I/O引脚，称为P0～P3端口。

前面在1.2节提到的程序计数器PC是一个16位的加1计数器，其作用是控制程序的执行顺序，而其内容为将要执行指令的ROM地址，寻址范围是64 KB。它并不位于片内RAM的高128 B内。

1.2.5 特殊功能寄存器(SFR)的应用

在程序设计过程中，单片机的功能在很多情况下是通过设置和检测单片机内部的特殊功能寄存器来实现的。如果采用汇编设计程序，必须牢记单片机内部通用寄存器和特殊功能寄存器的地址和作用，所以要求设计者必须掌握更多的硬件基础知识。如果采用C语言设计单片机的程序，因为程序中的数据处理和分配是由编译软件自动完成的，通用寄存器的应用可以忽略，且无需特殊功能寄存器的地址，只需要记住特殊功能寄存器和每个特殊功能寄存器的位标示符和作用即可。在单片机 C 语言程序设计中，特殊功能寄存器的操作方法很简单，只需对某个寄存器或位标示符赋值即可。例如，PSW = PSW&0x7f 与 CY = 0 结果一样，前一个语句是字节操作，后一个语句是位操作。单片机 C 语言程序设计中常用于控制的特殊功能寄存器如表 1-8 所示，其中 T2CON 为增强 51 系列单片机。

表 1-8　特殊功能寄存器位标识符和位地址表

特殊功能寄存器	MSB	位　　地　　址						LSB
	D7	D6	D5	D4	D3	D2	D1	D0
PSW	D7H	D6H	D5H	D4H	D3H	D3H	D2H	D1H
	CY	AC	F0	RS1	RS0	OV	F1	P
TCON	8FH	8EH	8DH	8CH	8BH	8AH	89H	88H
	TF1	TR1	TF0	TR0	IE1	IT1	IE0	IT0
TMOD	—	—	—	—	—	—	—	—
	GATE	C/T	M1	M0	GATE	C/T	M1	M0
PCON	—	—	—	—	—	—	—	—
	SMOD				GF1	GF0	PD	IDL
SCON	9FH	9EH	9DH	9CH	9BH	9AH	99H	98H
	SM0	SM1	SM2	REN	TB8	RB8	TI	RI
IP	—	—	BDH	BCH	BBH	BAH	B9H	B8H
	—	—	PT2	PS	PT1	PX1	PT0	PX0
IE	AFH	AEH	ADH	ACH	ABH	AAH	A9H	A8H
	EA	—	ET2	ES	ET1	EX1	ET0	EX0
P3	B7H	B6H	B5H	B4H	B3H	B2H	B1H	B0H
	P3.7	P3.6	P3.5	P3.4	P3.3	P3.2	P3.1	P3.0
P2	A7H	A6H	A5H	A4H	A3H	A2H	A1H	A0H
	P2.7	P2.6	P2.5	P2.4	P2.3	P2.2	P2.1	P2.0
P1	97H	96H	95H	94H	93H	92H	91H	90H
	P1.7	P1.6	P1.5	P1.4	P1.3	P1.2	P1.1	P1.0
P0	87H	86H	85H	84H	83H	82H	81H	80H
	P0.7	P0.6	P0.5	P0.4	P0.3	P0.2	P0.1	P0.0
T2CON	CFH	CEH	CDH	CCH	CBH	CAH	C9H	C8H
	TF2	EXF2	RCLK	TCLK	EXEN2	TR2	C/$\overline{T2}$	CP/$\overline{RL2}$

并非所有的特殊功能寄存器都可以进行位的编程操作，对于没有定义位标识符或位标示符重复的寄存器，用户无法对位直接访问。如 TMOD，由于其高 4 位和低 4 位标识符同名，只能采用字节操作。每一个特殊功能的寄存器都有针对性的应用，后面的相关章节中将对此进行介绍。

1.3 单片机的最小系统

最小的单片机系统由单片机芯片外加一些分立器件组成，单片机的最小系统是单片机可以运行程序的基本电路，也是一个微型的计算机系统，复杂的单片机系统电路都是以单片机最小系统为基本电路进行扩展设计的。单片机组成的最小系统如图 1-11 所示，图中单片机型号为 STC89C51，电路包括电源、振荡电路和复位电路，单片机内部有 512 B 的 RAM、4 KB 的 ROM 以及输入/输出接口等。

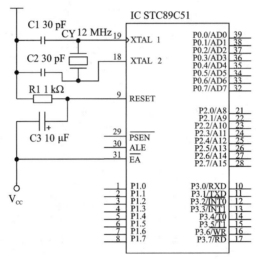

图 1-11　单片机组成的最小系统

1.3.1 晶体振荡电路

单片机内部的高增益反相放大器与单片机的 XTAL1、XTAL2 引脚外接的晶体构成一个振荡电路，作为 CPU 的时钟脉冲。51 系列单片机的时钟电路如图 1-12 所示。XTAL1 为振荡电路输入端，XTAL2 为振荡电路输出端，同时 XTAL2 也作为内部时钟发生器的输入端。片内时钟发生器对振荡频率进行二分频，为控制器提供一个两相的时钟信号，产生 CPU 的操作时序。51 单片机时钟电路的常用晶体有 6 MHz、12 MHz、11.0592 MHz 等。电容 C1 和 C2 对频率有微调作用，电容容量的选择范围为 5～30 pF。在设计印刷电路时，晶振和电容的布局紧靠单片机芯片，以减少寄生电容及干扰。

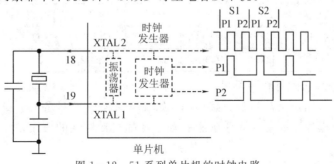

图 1-12　51 系列单片机的时钟电路

1.3.2　复位电路

复位使单片机的 CPU 和系统中的其他功能部件都处在一个确定的初始状态，并从这个状态开始工作。复位后 PC＝0000H，即单片机将从第一个单元读取指令。在实际应用中，无论是在单片机刚开始接通电源时还是断电后或者发生故障后都要复位，所以必须掌握 51 系列单片机复位的条件、复位电路和复位后的状态。

在单片机的 RST 引脚上包含持续两个机器周期（即 24 个振荡周期）的高电平，可用于单片机的复位操作，以完成对 CPU 的初始化处理。如果单片机的时钟频率为 12 MHz，每个机器周期为 1 μs，则只需将 RST 引脚保持在 2 μs 以上高电平，即可进行复位操作。复位操作是单片机系统正常运行前必须进行的一个环节。但如果 RST 持续为高电平，单片机就会处于循环复位状态，无法执行用户的控制程序。

在实际应用中，复位操作通常有上电自动复位、手动复位和看门狗复位 3 种方式。上电复位要求接通电源后，自动实现复位操作。常用的上电自动复位电路如图 1-13(a)所示，图中电容和电阻电路对＋5 V 电源构成微分电路，单片机系统上电后，单片机的 REST 端会得到一个持续时间很短暂的高电平。在实际的单片机应用系统中，也可以采用如图 1-13(b)所示的电路进行按键手动复位。图中电容采用电解电容，一般取 4.7～10 μF，电阻取1～10 kΩ。

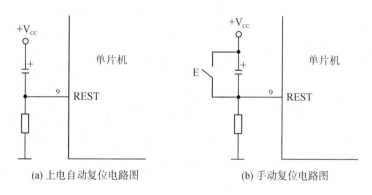

(a) 上电自动复位电路图　　　　　　　　(b) 手动复位电路图

图 1-13　单片机复位电路

单片机系统开始运行时必须先进行复位操作，如果单片机运行期间出现故障，也需要对单片机复位，使单片机状态被初始化。看门狗复位是一种程序检测自动复位方式，在增强型 51 单片机中，如果单片机内部设计有看门狗部件，则可采用编程方法进行复位操作。单片机复位以后，除不影响片内 RAM 状态外，P0～P3 端口输出高电平，SP 赋初值 07H，程序计数器 PC 被清 0。单片机内部多功能寄存器的状态都会被初始化。单片机的特殊功能寄存器复位状态如表 1-9 所示。

表 1-9　内部寄存器复位状态表

特殊寄存器	复位状态	特殊寄存器	复位状态
ACC	00H	TMOD	00H
B	00H	TCON	00H

特殊寄存器	复位状态	特殊寄存器	复位状态
PSW	00H	TH0	00H
SP	07H	TL0	00H
DPL	00H	TH1	00H
DPH	00H	TL1	00H
P0～P3	FFH	SCON	00H
IP	00H	SBUF	不定
IE	00H	PCON	0XXXXXXXB

1.3.3　节拍、机器周期和指令周期

51 系列单片机的工作时序共有 4 个，从小到大依次是节拍、状态、机器周期和指令周期。

1. 节拍与状态

晶体振荡信号的一个周期称为节拍，用 P 表示；振荡脉冲经过二分频后，所得结果即为单片机的时钟周期，其定义为状态，用 S 表示。这样，一个状态就包含了两个节拍，前半周期对应的节拍叫节拍 1，记作 P1，后半周期对应的节拍叫节拍 2，记作 P2，如图 1-14 所示。CPU 以时钟 P1、P2 为基本节拍，用以指挥单片机的各个部分协调工作。

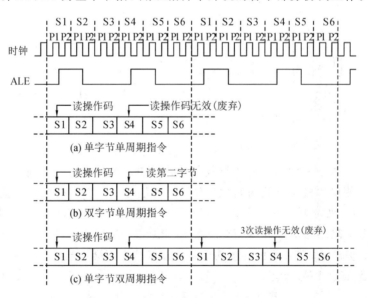

图 1-14　51 系列单片机的指令时序图

2. 机器周期

51 系列单片机采用定时控制方式，具有固定的机器周期。一个机器周期的宽度为 6 个状态，并依次表示为 S1～S6。由于一个状态又包括两个节拍，因此，一个机器周期总共有 12 个节拍，分别记作 S1P1，S1P2，…，S6P2。实际上一个机器周期包括 12 个振荡脉冲周

期，因此机器周期就是振荡脉冲信号的十二分频。

当外接的晶体振荡脉冲频率为 12 MHz 时，一个机器周期为 1 μs；当振荡脉冲频率为 6 MHz时，一个机器周期为 2 μs。

3. 指令周期

单片机执行一条指令所需要的时间称为指令周期。指令周期是单片机最大的工作时序单位，不同的指令所需要的机器周期数也不相同。如果单片机执行一条指令占用一个机器周期，则这条指令为单周期指令，如简单的数据传输指令；如果单片机执行一条指令需要两个机器周期，则该指令称为双周期指令，如乘法运算指令。单片机的运算速度与程序执行所需的指令周期有关，占用机器周期数越少的指令，单片机运行速度越快。在 51 系列单片机的 111 条汇编指令中，共包含单周期指令、双周期指令和四周期指令 3 种指令。四周期指令只有乘法和除法指令两条，其余均为单周期和双周期指令。单片机执行单周期的时序如图 1 - 14(a)和(b)所示，其中(a)为单字节单周期指令，(b)为双字节单周期指令。

在 S1P1 期间，单字节和双字节指令都由 CPU 读取，CPU 将指令码读入指令寄存器，同时程序计数器 PC 加一。在 S4P2 期间，单字节指令读取的下一条指令会丢弃不用，但程序计数器 PC 值仍加一；如果是双字节指令，在 S4P2 期间 CPU 读取指令的第二字节，同时程序计数器 PC 值也加一。两种指令都在 S6P2 时序结束时完成。

单片机执行单字节双机器周期指令的时序如图 1 - 14(c)所示。双周期指令在两个机器周期内进行 4 次读操作码操作，第一次读取操作码，PC 自动加一；后 3 次读取无效，自然丢弃，程序计数器 PC 的值不会变化。

1.3.4　单片机的工作模式

根据单片机的工作状态，单片机的工作模式分为运行模式、待机模式和掉电保护模式 3 种，单片机的工作模式可以利用编程或人为干预方式相互转换。单片机的工作模式与电源有很大关系，在不同的工作环境和电源条件下，单片机的工作模式也可以通过程序设定。

1. 运行模式

单片机的运行模式是单片机的基本工作模式，也是单片机最主要的工作方式。单片机在实现用户设计的功能时通常采用这种工作模式。在单片机运行期间，单片机一旦复位，程序计数器 PC 指针总是从 0000H 开始，依次从程序存储器中读取要操作的指令代码，单片机开始顺序执行相关程序。

单片机运行时，程序在时钟脉冲作用下统一协调运行，也可以通过单步脉冲进行单步执行。利用单片机的外部中断可以实现程序单步执行，这种情况主要用于调试程序和检验程序运行结果。

2. 待机和掉电保护工作模式

待机方式和掉电保护方式是两种单片机的节电工作方式。对于低功耗特性的 51 系列单片机，在 $V_{cc} = 5$ V，$f_{osc} = 12$ MHz 条件下，待机(休闲)方式时电流约 2 mA；掉电保护方式时电流小于 0.1 μA。这两种工作方式特别适合以电池或备用电池为工作电源的单片机系统。两种低功耗工作方式由单片机内部的电源控制寄存器 PCON 确定。PCON 的 8 位格式如下：

SMOD	—	—	—	GF1	GF0	PD	IDL

其中：SMOD 为波特率倍增位（在串行通信中使用）；GF1、GF0 为通用标志位；PD 为掉电方式控制位，PD＝1，进入掉电工作方式；IDL 为待机（休闲）方式控制位，IDL＝1，进入待机工作方式。

1）待机（空闲）方式（Idle）

待机方式的进入方法非常简单，只需使用指令将 PCON 寄存器的 IDL 位置 1 即可。单片机进入待机方式时振荡器仍然运行，而且时钟被送往中断逻辑、串行口和定时器/计数器，但不向 CPU 提供时钟，因此，在该方式下 CPU 是不工作的。CPU 的堆栈指针 SP、程序计数器 PC、PSW、ACC 以及除与上述部件有关的寄存器外，其余的通用寄存器都保持原有状态不变，各引脚保持进入待机方式时的状态，ALE 和 $\overline{PSEN}$ 则保持高电平，中断系统正常工作。

退出待机方式的方法有中断和硬件复位两种。在待机方式下，产生任何一个中断请求信号后，在单片机响应中断的同时，PCON.0 位（即 IDL 位）被硬件自动清 0，单片机则退出待机方式进入到正常的工作状态。另一种退出待机方式的方法是硬件复位，在 RST 引脚加上两个机器周期的高电平即可，复位后的状态如前所述。

2）掉电保护方式（Power Down）

掉电保护方式的进入方法类似于待机方式，只需使用指令将 PCON 寄存器的 PD 位置 1 即可。进入掉电保护方式时，单片机的一切工作全部停止，只有片内 RAM 单元的内容被保存。I/O 引脚状态和相关的特殊功能寄存器的内容相对应，ALE 和 $\overline{PSEN}$ 为逻辑低电平。

退出掉电保护方式的方法只有硬件复位一种。复位后特殊功能寄存器的内容被初始化，但 RAM 的内容仍然保持不变。

单片机系统是最典型的嵌入式系统，目前的单片机技术已经渗透到日常生活的各个领域。随着我国人民生活水平的不断提高，各个领域的自动化、智能化程度也将越来越高，单片机技术必将成为我国科技领域的重要组成部分。

思 考 与 练 习

1. 什么叫单片机？其主要特点有哪些？
2. 单片机的发展经历了哪几个过程？有何发展趋势？
3. 单片微型计算机由哪几部分构成？
4. 查阅相关资料，简述常用的单片机生产厂商和型号。
5. 单片机是如何分类的？
6. 何为数制？常用的数制有哪些？
7. 如何把十进制化成二进制？如何把二进制化成十进制？
8. 八进制和二进制之间如何转化？十六进制和二进制之间如何转化？
9. 二进制、十进制、十六进制的基数分别是多少？
10. 把下面的二进制数分别转化成八进制数、十六进制数和十进制数。

11010101_2　　　101011011_2　　　110110101_2　　　1101110101.1001_2

第 2 章

单片机指令系统与汇编语言程序设计

　　在计算机系统中，一条指令对应于一种基本操作，计算机系统的指令集合就构成了该计算机系统的指令系统。计算机的指令类似于英文单词，指令的用法类似于英语的语法规则。掌握好指令的含义与用法对于今后设计、理解单片机程序非常重要。本章内容主要包括指令分类、指令格式、指令用法及几个简单的指令应用实例。

2.1　指令系统概述

2.1.1　指令分类

　　51 系列单片机能够识别并执行的指令有 111 条，这些指令构成了 51 系列单片机的指令系统。51 系列单片机指令的分类方法有多种，可按照指令字长分类，也可按照执行时间分类，还可按照指令功能分类，具体分类方法如表 2-1 所示。

表 2-1　指　令　分　类

51 内核单片机指令分类	按指令字长分类	单字节指令	49 条
		双字节指令	46 条
		三字节指令	16 条
	按执行时间分类	单机器周期指令	64 条
		双机器周期指令	45 条
		四机器周期指令	2 条
	按指令功能分类	数据传送指令	29 条
		算术运算指令	24 条
		逻辑运算指令	24 条
		位操作指令	17 条
		控制转移指令	17 条

2.1.2　指令格式

　　51 系列单片机的汇编语言指令包括 4 个部分，各部分之间用分隔符分开。指令格式如下：

　　［标号：］操作码［操作数］［；注释］

　　例如：

LOOP：MOV A，♯40H

各项含义如下所述：

(1) ［］项为可选项。

(2) 标号由 1～8 个字母、数字、下划线组成，不是必选项，有时可以没有标号。

(3) 标号的第一个字符必须是字母，否则就是非法符号。

(4) 指令助记符或系统中的保留字不能用作标号。

(5) 标号不是程序必不可少的部分，由程序的结构及运行情况而定。

(6) 操作码规定语句执行的操作，也称为助记符，是汇编指令中唯一不能空缺的部分。

(7) 操作数即指令执行的数据，可以分为源操作数和目的操作数，有时也可以没有操作数，如空操作指令 NOP。

(8) 注释不属于语句的功能部分，只对语句作解释说明，注释内容以分号";"开头。

(9) 分隔符用于分隔语句的各个部分，以便区分。标号之后用冒号":"，操作码与操作数之间用空格隔开，操作数与操作数之间用逗号","隔开。

(10) 数据与地址的区分：在 51 系列单片机汇编语言中，数据以"♯"开头，可以是 0～9、A～F 的合适组合（在数据范围内）。若以字母开头，则规定需要在字母前添加一个"0"，这个"0"称为前导"0"，如♯40H、♯46H、♯0A0H 都是数据。地址前面如果没有"♯"符号，如 40H、46H，则都是指地址，而不是数据，这个地址实际上是指单片机内部的一个存储单元的地址，在此单元中可以存放合适的数据。

2.1.3　指令字长与周期

51 系列单片机采用变字长指令方式，以 8 位二进制数为一个字长，可分为单字节、双字节、三字节 3 种，在存储单元中分别占 1～3 个单元(51 内核单片机内部存储器一个单元为 8 位)。

指令周期是指执行这条指令需要的时间，目前主要有单机器周期、二机器周期、四机器周期 3 种形式。例如：NOP 为单字节单机器周期指令；DIP 为单字节四机器周期指令。

不同指令占有的字节数不同，执行需要的时间也不同。但指令所占的字节数与执行所需要的机器周期数无必然的内在联系。

2.2　寻址方式

寻址方式是指 CPU 在执行指令前，寻找需要进行运算的数据或数据地址的方式。每一种计算机都具有多种寻址方式，寻址方式的多少是反映指令系统优劣的主要指标之一。在 51 系列单片机指令系统中，有 7 种寻址方式，分别为直接寻址、立即寻址、寄存器寻址、寄存器间接寻址、变址寻址、相对寻址和位寻址。

2.2.1　直接寻址

在指令中直接给出 CPU 需要操作的数据地址，这种寻址方式称为直接寻址。在这种方式中，指令的操作数部分是所需数据的地址，真的数据存储在此地址当中。如图 2-1 所示，"40H"代表单元地址，"♯40H"代表该单元的十六进制数据。

相应指令如下：

"MOV 40H，♯40H；"，该指令含义为将十六进制数♯40H 存入 40H 单元中。

"MOV 46H，♯46H；"，该指令含义为将十六进制数♯46H 存入 46H 单元中。

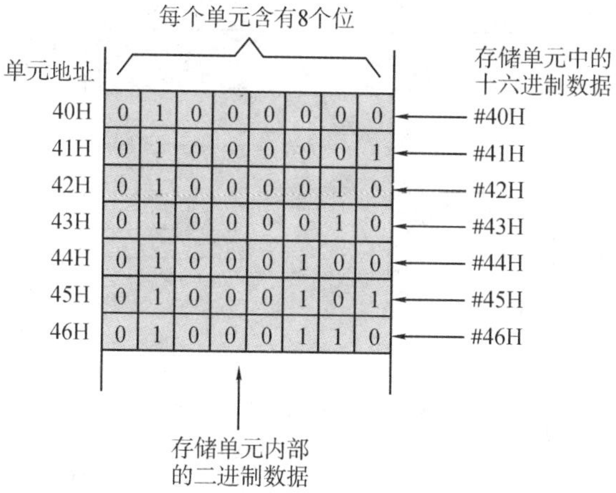

图 2-1　单片机存储单元中的数据

在 MCS-51 单片机系统指令中，直接寻址方式可以访问 3 种存储空间，即：

（1）内部数据存储器的低 128 个字节单元（00H～7FH）。

（2）特殊功能寄存器，特殊功能寄存器（80H～FFH）只能用直接寻址方式进行访问。

（3）位地址空间（20H～2FH）。

例如：

① 寻址特殊功能寄存器 SFR 时，可以用直接寻址，也可以用寄存器命名，MOV A，0D0H 与 MOV A，PSM 指令功能相同。说明：PSM 的物理地址就是 0D0H（以字母 A～F 开头的十六进制数均需加前导 0）。

② 在 MCS-51 单片机指令系统中，累加器 A 有 3 种不同的表达方式，即 A、ACC 和 E0H，分属不同的寻址方式，但指令执行结果完全相同。例如：

INC A；寄存器寻址。

INC ACC；直接寻址。

INC 0E0H；直接寻址。

2.2.2　立即寻址

立即寻址方式的操作数包含在指令中。位于指令操作码后面的数就是参加运算的数，该操作数称为立即数，对于 51 系列单片机而言，立即数有 1 个字节和 2 个字节两种。例如：MOV R0，♯30H 和 MOV DPTR，♯2000H。说明：立即数前面需加"♯"，以区别直接地址。

2.2.3　寄存器寻址

在寄存器寻址方式中，CPU 需要寻找的数据置于寄存器中，而不在一个位地址或用户 RAM 区中，例如操作数可放在寄存器 R0～R7、累加器 A、寄存器 B、数据指针 DPTR 或布尔处理器的位累加器 Cy 等中。

例如："MOV A，R1；"表示将寄存器 R1 中的数据放入累加器 A 中。

若传送前 R1 中的数据是♯02H，A 中的数据是♯55H，传送后累加器 A 中的数据将会被 R1 中的数据覆盖，变成♯02H，如图 2-2 所示。

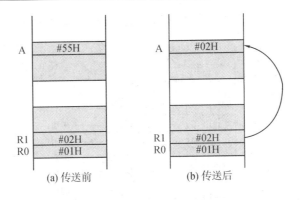

(a) 传送前　　　　　　　　　　(b) 传送后

图 2 - 2　寄存器寻址

2.2.4　寄存器间接寻址

　　寄存器间接寻址方式是以某一个寄存器中的内容作为地址去寻找新的操作数。在该寻址方式中，寻址内部 RAM 区的低 128 字节单元时，需要使用寄存器 R0、R1 作为间接寻址寄存器。寻址外部 64K 的 RAM 区时，要用 DPTR 作为间接寻址寄存器，也可以采用 R0、R1 作为低 8 位地址，P2 端口指示高 8 位地址的方式。

　　注意：寄存器间接寻址需要在寄存器前加上 @ 符号；寄存器间接寻址不能对特殊功能寄存器 SFR 进行寻址；堆栈作为指令是间接寻址方式，可以以堆栈指针 SP 作为间接寻址寄存器。

　　例如：MOV A，@R0。

　　上述指令在执行前，寄存器 A、R0 和 40H 地址单元数据如图 2-3(a)所示，因为寻址方式是寄存器间接寻址，所以要找的数据并未直接给出，而是通过数据地址间接给出。

　　本例的执行过程如下：第一步，到寄存器 R0 中寻找数据，如图 2-3 所示，找到数据 ♯40H，但该数据并非最终结果，接下来需要进行后续操作；第二步，以 40H 作为地址，到 40H 地址中再找数据，找到数据 ♯10H；第三步，将数据 ♯10H 送入累加器 A 中，覆盖原先的数据 ♯55H。♯10H 才是累加器 A 最终要寻址的数据。

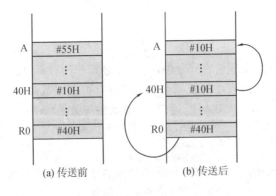

(a) 传送前　　　　　　　　　　(b) 传送后

图 2 - 3　寄存器间接寻址

2.2.5　变址寻址

　　变址寻址方式可以访问程序存储器中的数据表格，它以基址寄存器 DPTR 或 PC 的内容作为基本地址，加上变址寄存器 A 的内容作为操作数的地址，通常采用下列指令：

（1）MOVC A，@A＋DPTP。

表示将数据指针 DPTP 地址加上累加器 A 中数据作为新的地址，以此新地址寻找数据，将此数据存入累加器 A 中。

（2）MOVC A，@A＋PC。

表示将程序指针 PC 地址加上累加器 A 中的数据作为新的地址，以此新地址寻找数据，将此数据存入累加器 A 中。

（3）JMP @A＋DPTP。

该指令为散转指令，表示跳转到以 DPTP＋A 的内容作为地址处。

下面以指令"MOVC A，@A＋DPTP"为例来说明变址寻址的原理。

若指令执行之前数据如图 2－4 所示，执行该指令的过程可以分为以下三步。

第一步：将累加器 A 中的数据♯00H 与 DPTP 所指向的地址相加，即♯00H＋1000H＝1000H。

第二步：将上述计算得到的 1000H 作为地址，到该地址中寻找数据，找到数据♯11H。

第三步：将数据♯11H 传送至累加器 A 中，覆盖累加器 A 中原先的数据。

在执行"MOVC A，@A＋DPTR"指令的过程中，实际上数据指针 DPTR 一直指向数据地址的开头（即首地址 1000H），不会更改。当累加器 A 中的数据不断从♯00H 变到♯01H、♯02H、♯03H、♯04H、♯05H、♯06H、♯07H 时，累加器 A 与 DPTR 所指地址（1000H）之和将会不断地从 1000H 变到 1001H、1002H、…、1007H，然后再从地址单元 1000H 到 1001H、1002H、…、1007H 中不断取得新的数据♯11H、♯22H、…、♯88H，再将这些数据不断放入累加器 A 中。

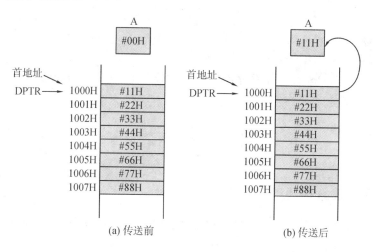

图 2－4　变址寻址

2.2.6　相对寻址

在 51 单片机指令系统中通常设有转移指令，转移指令分为直接转移指令和相对转移指令，在相对转移指令中采用相对寻址方式。这种寻址方式是以 PC 的内容为基本地址，加上指令中给定的偏移量作为转移地址。指令给出的偏移量是一个 8 位的带符号常数，可正可负，取值范围为－128～＋127。

例如：

```
ORG 0000H
SJMP STAR
ORG 0030H
STAR：
MOV SP，♯3FH
MOV A，@A+PC
DB♯00H
END
```

上述程序可用到相对寻址，"SJMP STAR"指令的含义为从当前指令跳转到标号 STAR 处，"SJMP STAR"指令离标号的地址不超过－128～＋127 范围即可。

2.2.7　位寻址

51 单片机内部设有位处理器，也称为布尔处理器，可对位地址空间的 211 个位地址进行运算和传送操作。

（1）内部 RAM 的 20H～2FH 共有 128 个位地址区，位地址为 00H～7FH，位地址可用直接地址或单元地址加位地址表示。例如"MOV C，7AH"与"MOV C，2FH.2"指令功能相同。

（2）特殊功能寄存器 SFR 中可供位寻址的专用寄存器共 11 个，有 83 位地址可供位寻址，这些地址在指令中有 4 种表示方式。

例如：对程序状态字 PSW 的辅助进位位 AC 进行操作，

直接使用位地址：MOV C，0D6H。

位名称表示法：MOV C，AC。

单元地址加位的表示法：MOV C，0D0H.6H。

专用寄存器符号加位的表示法：MOV C，PSW.6。

MCS-51 单片机的外部数据存储器与外部 I/O 端口是统一编址的，对 I/O 端口的操作和数据存储器的操作完全一样。

2.3　指令用法简介

2.3.1　寄存器及数据说明

在系统学习指令之前，首先对指令常用的标号和表示方式进行如下说明。

Rn：当前选定的寄存器区中的 8 个工作寄存器 R0～R7。

Ri：当前选定的寄存器 R0 或 R1。

direct：8 位内部 RAM 单元的地址，它可以是一个内部数据区 RAM(00H～7FH)或特殊功能寄存器地址。

♯data：指令中的 8 位常数。

♯data16：指令中的 16 位常数。

♯addr11：11 位目的地址，用于 AJMP 和 ACALL 指令。目的地址与下一条指令必须在 2 KB 范围内。

♯data16：16 位目的地址，用于 LJMP 和 LCALL 指令，可指向 64 KB 程序存储器地址空间。

rel：8 位带符号的偏移量字节，用于 SJMP 和所有条件转移指令。相对于下一条指令的第一字节的偏移量为－128～＋127。

bit：内部数据 RAM 或特殊功能寄存器中的可直接寻址位。

DPTR：数据指针，可用作 16 位的地址寄存器。

A：累加器。

B：乘除法寄存器，主要用于 MUL 和 DIV 指令。

C：进位标志位。

@：间接寻址寄存器或基址寄存器的前缀。

/：位操作数的前缀，表示对该位取反。

(X)：X 中的内容。

((X))：由 X 寻址的单元中的内容。

←：箭头左边的内容需要被箭头右边的内容所取代。

$：当前指令存放的地址。

2.3.2　数据传送类指令

数据传送类指令是指令系统使用最频繁的指令之一，主要用于数据的保存及交换等场合，按其操作方式分为数据传送、数据交换及栈操作。

1. 数据传送到累加器 A 的指令

将源操作数的内容送入累加器 A 的指令表示如下：

```
MOV A，R0
MOV A，direct        //direct 为直接地址，如 40H，50H
MOV A，@Ri           //Ri 代表 R0，R1
MOV A，♯data         //♯data 代表立即数，如♯8 代表十进制数 8，♯55H 代表十六进制数
```

2. 数据传送到工作寄存器 Rn 的指令

将数据传送到工作寄存器 Rn 的指令表示如下：

```
MOV Rn，A
MOV Rn，direct
MOV Rn，♯data
```

注：其中 n 代表 0～7。

3. 数据传送到内部 RAM 单元或特殊功能寄存器 SFR 的指令

将源操作数的内容送入内部 RAM 单元或特殊功能寄存器中的指令表示如下：

```
MOV direct，A
MOV direct，Rn
MOV direct，direct
MOV direct，@Ri
MOV direct，♯data
MOV@Ri，A
```

　　MOV@Ri，direct

　　MOV@Ri，#data

　　MOV DPTR，#data16

4. 累加器 A 与外部数据存储器之间的传送指令

　　在累加器 A 与外部数据寄存器 RAM 单元或 I/O 端口之间进行数据传送的指令表示如下：

　　MOVX A，@DPTR

　　MOVX A，@Ri

　　MOVX@DPTR，A

　　MOVX@Ri，A

　　前两条指令执行时，P3.7 引脚上输出"/RD"有效信号，用作外部数据存储器的"读"选通信号；后两条指令执行时，P3.6 引脚上输出"/WR"有效信号，用作外部数据存储器的"写"选通信号。

　　当执行"MOVX@DPTR，A"指令时，其作用是将累加器 A 中的数据写入到由 DPTR 所指向的外部数据存储器的 16 位地址单元中，该 16 位地址单元的高 8 位地址由 P2 端口输出，低 8 位地址由 P0 端口输出。

　　当执行"MOVX@Ri，A"指令时，其作用是将累加器 A 中的数据写入到由 Ri 指向的间接寻址寄存器中，P0 端口上分时输出 Ri 指定的 8 位地址信息和 8 位数据信息。

　　【例 2-1】　按下列功能编程：将片外 RAM 中 50H 单元中的数据传送到片外 RAM 的 1000H 单元。

　　/ *

　　程序实现的功能：将外部数据存储器 RAM 中的 50H 单元中的数据传送给外部数据存储器的 1000H 单元。注意：外部数据存储器单元之间不能直接进行数据传输，这种规定主要是出于保证系统安全。当采用外部存储器单元直接传送数据时，CPU 在不知情的情况下，系统是很不安全的。所以要先将外部数据单元的数据传输到内部累加器 A，然后通过累加器 A 传输到外部数据存储单元中。

　　/ *

```
    ORG   0000H        //程序开始
    SJMP   MAIN
MAIN：
    MOV   P2，#00H     //P2 端口作为外部数据存储器寻址的高 8 位地址口使用
    MOV   R1，#50H     //给 R1 赋值，该值为要访问的外部数据存储器单元地址
    MOV   A，#01H      //给累加器 A 赋初始值#01H
    MOVX   @R1，A      //将累加器中的数据送给外部数据存储器 50H 地址单元保存
    CLRA              //将累加器 A 中的内容清 0，以便后续使用
    MOVX   A，@R1      //将外部数据存储器 50H 单元中的数据读入到内部累加器 A 中
    MOV   DPTR，#1000H //将外部数据存储器 1000H 单元地址赋给 DPTR 寄存器
    MOVX   @DPTR，A    //将累加器中的数据#01H 写入外部数据存储器 1000H 中
    SJMP   MAIN        //返回主程序
    END               //汇编结束
```

　　从图 2-5 和图 2-6 中可以看出，外部存储器 50H 单元和 1000H 单元的数据均为 01H。这说明片外数据存储之间的数据传送已经成功。

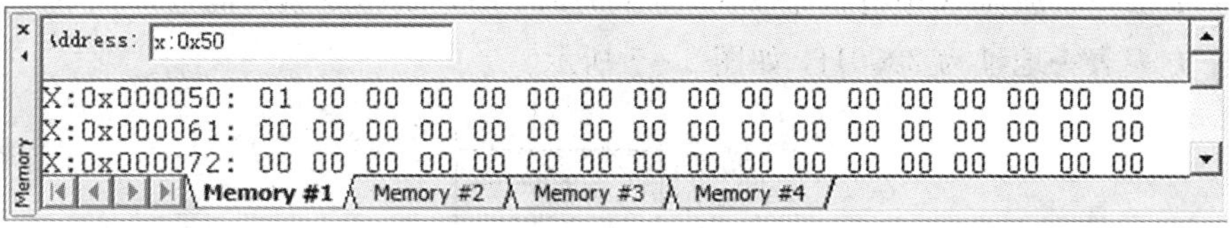

图 2-5　外部数据存储器 50H 单元的数据为"01H"

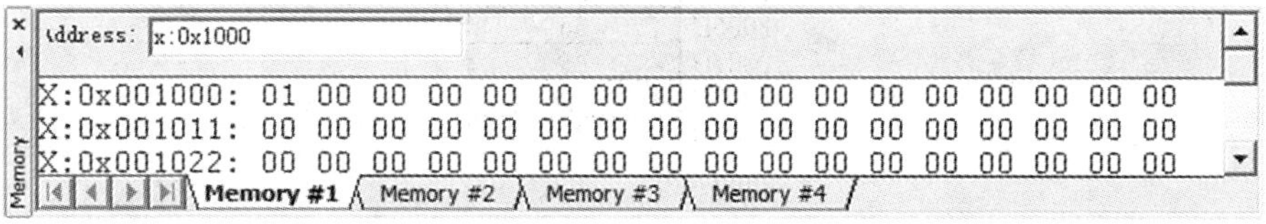

图 2-6　外部数据存储器 1000H 单元的数据为"01H"

5. 堆栈操作指令

堆栈操作指令表示如下：

PUSH direct　　　//将 direct 地址中的数据压入堆栈

POP direct　　　//将堆栈中的数据弹出到 direct 地址当中

在 51 单片机的内部 RAM 中，可以设定一个先进后出的区域，该区域称为堆栈区，在特殊功能寄存器中有一个堆栈指针 SP，用于指出栈顶的位置。

进栈指令的实现过程是：首先将堆栈指针 SP 加 1，然后将直接地址所指出的内容送入 SP 所指的内部 RAM 单元。

出栈指令的实现过程是：将 SP 所指的内部 RAM 单元的内容送入由直接地址所指的字节单元，然后将堆栈指针 SP 减 1。

注意：MCS-51 单片机的堆栈增长方向为向高地址增长，因此在堆栈设置时需要注意堆栈的栈顶不要超出用户 RAM 区而位于特殊功能寄存器区。

6. 程序存储器内容读指令

程序存储器内容读指令表示如下：

MOVC A，@A+PC

MOVC A，@A+DPTR

这两条指令可以用来查寻存放在程序存储器中的常数表格。

第一条指令以 PC 作为基址寄存器，累加器 A 的内容作为无符号数与 PC 的内容相加后得到一个 16 位地址，并将该地址指出的程序存储器单元的内容送到累加器 A。这条指令的优点是不改变特殊功能寄存器和 PC 的状态，只要根据 A 的内容就可以读取出表格中的常数；缺点是表格只能存放在该条查表指令后的 256 个单元之中，表格的大小受到限制，而且表格只能被一段程序所利用。

第二条指令是以 DPTR 作为基址寄存器，累加器 A 的内容作为无符号数与 DPTR 内容相加，得到一个 16 位的地址，并把该地址指出的程序存储单元的内容送到累加器 A。这条指令的执行结果只与指针 DPTR 及累加器 A 的内容有关，与该指令存放的地址无关，因此，表格的大小和位置可以在 64 KB 程序存储器中任意选取，并且一个表格可以为各个程序块所共有。

例如：已知累加器 A 中有一个 0～9 范围的数，用查表指令编写能查出该数平方值的程序。设平方表表头地址为 2000H，如图 2-7 所示。

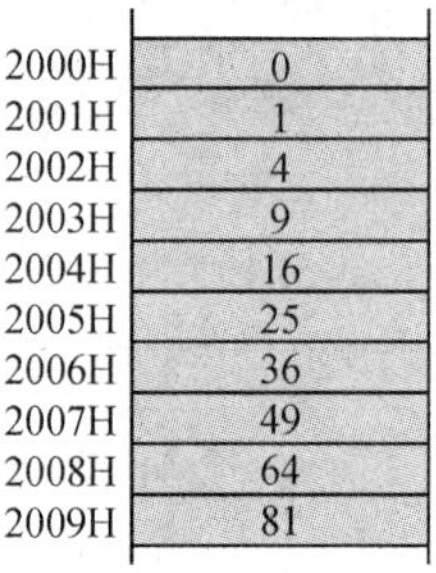

2000H	0
2001H	1
2002H	4
2003H	9
2004H	16
2005H	25
2006H	36
2007H	49
2008H	64
2009H	81

图 2-7　程序存储器 2000H 单元之后的数据

方法一，用 DPTR 作为基址寄存器，程序表示如下：

```
MOV DPTR，#2000H
MOVC A，@A+DPTR
ORG 2000H              //提示下一条指令从 2000H 地址开始
；2000H DB 0，1，4，9，16   //此书写方式会报错
                       //该处 2000H 是提示后面的数据从 2000H 开始存放
DB 0，1，4，9，16
DB 25，36，49，64，81
```

方法二，用 PC 作基址寄存器，程序表示如下：

```
ORG 1FFBH
ADD A，#data
MOVC A，@A+PC
SJMP $
DB 0
DB 1
DB 4
DB 9
DB 16
DB 25
DB 36
DB 49
DB 64
DB 81
END
```

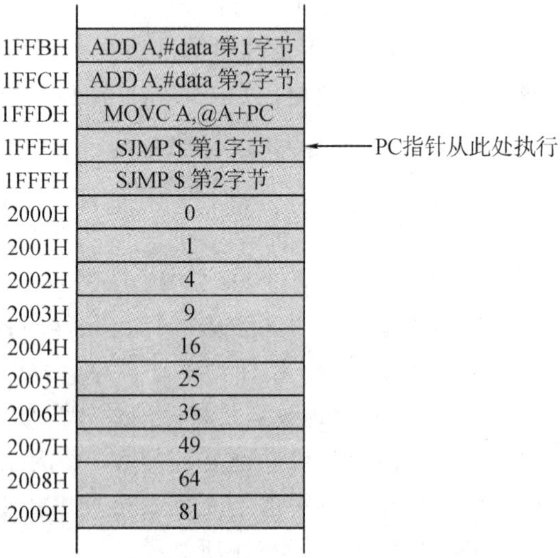

1FFBH	ADD A,#data 第1字节
1FFCH	ADD A,#data 第2字节
1FFDH	MOVC A,@A+PC
1FFEH	SJMP $ 第1字节 ←——PC指针从此处执行
1FFFH	SJMP $ 第2字节
2000H	0
2001H	1
2002H	4
2003H	9
2004H	16
2005H	25
2006H	36
2007H	49
2008H	64
2009H	81

图 2-8　程序在程序存储器中存储情况

程序在程序存储器中存储情况如图 2-8 所示。

查表指令所在单元地址为 1FFDH，读取指令后的 PC 当前值为 1FFEH。因为

修正量＝表头首地址－PC 当前值＝2000H－1FFEH＝02H

于是 data＝02H(SJMP 为 2 字节指令)。由于累加器 A 中数据为 8 位无符号数,因此查表指令在存储器中的位置与备查表格在同一页(00H～0FFH)。

7. 字节交换指令

字节交换指令表示如下:

XCH A, Rn

XCH A, @Ri

XCH A, direct

XCHD A, @Ri

SWAP A

前 3 条指令为将 A 中的内容与源操作数内容相互交换;后两条指令是半字节交换指令,SWAP 是将累加器 A 的高 4 位与低 4 位之间进行交换,XCHD 是将累加器 A 的低 4 位内容与 Ri 所指出的内部 RAM 单元的低 4 位内容相互交换,高 4 位不变。

2.3.3　算术运算类指令

算术运算指令可以实现加、减、乘、除、增量、减量、二—十进制调整操作。这类指令直接支持 8 位无符号数操作,通过溢出标志位对带符号数进行补码运算。算术运算指令的执行结果将影响程序状态字 PSW。

1. 加法指令

1) 不带进位加法指令

不带进位加法指令表示如下:

ADD A, Rn

ADD A, direct

ADD A, @Ri

ADD A, ♯data

以上指令将源操作数与累加器 A 的内容相加,结果保存到累加器 A 中,运算结果影响 PSW 标志位。

2) 带进位加法指令

带进位加法指令表示如下:

ADDC A, Rn

ADDC A, direct

ADDC A, @Ri

ADDC A, ♯data

该指令可将源操作数与目的操作数相加,然后再加上进位标志位 Cy,结果影响 PSW 标志位。

3) 增量指令

增量指令表示如下:

INC A

INC Rn

INC direct

INC@Ri

INC DPTR

该组指令的功能是将指令中所指出的操作数的内容加 1，若原来的内容为 0FFH，则加 1 后将产生溢出，使操作数的内容变成 00H，但不影响任何标志。最后一条指令是对 16 位数据指针寄存器 DPTR 执行加 1 操作，指令执行时，先对低 8 位指针 DPL 的内容加 1，当产生溢出时就对高 8 位指针 DPH 加 1，但不影响任何标志。

4）二—十进制调整指令

二—十进制调整指令表示如下：

DA A

这条指令对累加器 A 中参与过 BCD 码加法的 8 位结果进行十进制调整，使累加器 A 中的内容调整为 2 位压缩型 BCD 码的数值。使用时必须注意，该指令只能跟在加法指令之后，不能对减法指令的结果进行调整，且其结果不影响溢出标志位。

执行该指令时，需判断 A 中的低 4 位是否大于 9 和辅助进位标志 AC 是否为 1，若两者有一个条件满足，则低 4 位加 6；同样，若 A 中的高 4 位大于 9 或者进位标志 Cy 为 1，当两者有一个条件满足时，则高 4 位加 6。

注意：进行上述调整的原因是十进制数为逢十进一，而十六进制数为逢十六进一，两种数制相差 6，所以在用 BCD 码（4 位二进制数表示一位十进制数）进行运算时需要调整。

例如，有两个 BCD 数 36 与 45 相加，结果应为 BCD 码 81，程序如下：

MOV A，♯36H

ADD A，♯45H

DA A

加法过程如下：

0011 0110［36H］

＋0100 0101［45H］

0111 1011［7BH］

用 DA A 指令对上述结果进行调整，可得：

0111 1011［7BH］

＋0000 0110［06H］

1000 0001［81H］为 BCD 码相加的真正结果。

2. 减法指令

1）带进位减法指令

带进位减法指令表示如下：

SUBB A，Rn

SUBB A，direct

SUBB A，@Ri

SUBB A，♯data

该组指令功能是将累加器 A 中的内容与第二位操作数及进位标志相减，结果送回到累加器 A 中。在执行减法过程中，如果 D7 位有借位，则 Cy 置 1，否则清 0；如果 D3 位有借位，则辅助进位标志 AC 置 1，否则清 0；如 D6 位有借位，而 D7 位没有借位，或 7 位有借位而 6 位无借位，则溢出标志 OV 置 1，否则清 0。若要进行不带借位的减法操作，则必须先将 Cy 清 0。

2）减 1 指令

减 1 指令表示如下：

DEC A

DEC Rn

DEC direct

DEC@Ri

该组指令的功能为将操作数内容减 1，若原来的操作数为 00H，则减 1 后产生溢出，使得操作数变成 0FFH，但不影响任何标志。

3．乘法指令

乘法指令表示如下：

MUL AB

该乘法指令完成单字节的乘法，只有上述一条指令。

原理：该指令将累加器 A 中的内容与寄存器 B 中的内容相乘，乘积的低 8 位存放在累加器 A 中，高 8 位存放在寄存器 B 中，如果乘积超过 0FFH，则溢出标志 OV 置 1，否则清 0，进位标志 Cy 总是被清 0。

4．除法指令

除法指令表示如下：

DIV AB

该指令的功能为完成单字节的除法。

原理：该指令将累加器 A 中的内容除以寄存器 B 中的 8 位无符号整数，所得商的整数部分存放在累加器 A 中，余数部分存放在寄存器 B 中，清 0 进位标志为 Cy，溢出标志为 OV。若原来 B 中的内容为 0，则执行该指令后 A 与 B 中的内容不定，并将溢出标志 OV 置 1。在任何情况下，进位标志 Cy 总是被清 0。

2.3.4　逻辑运算类指令

逻辑运算类指令包括与、或、非、异或、取反、左右移动等操作。

1．简单逻辑操作指令

简单逻辑操作指令表示如下：

CLR A 　　//清除累加器 A 中的数据

CPL A 　　//对累加器 A 按位取反

RL A 　　//将累加器 A 中的内容左移 1 位

RLC A 　　//将累加器 A 中的内容带进位标志向左环移动 1 位，影响 C 标志

RR A 　　//将累加器 A 中的内容向右环移 1 位

RRC A 　　//将累加器 A 中的内容带进位标志位向右环移动 1 位，影响 C 标志

2．逻辑与操作指令（按位进行"与"操作）

逻辑与操作指令（按位进行"与"操作）表示如下：

ANL　A，Rn

ANL　A，direct

```
ANL    A，@Ri
ANL    A，#data
ANL    direct，A
ANL    direct，#data
```

前 4 条指令是以累加器 A 为目的操作数的逻辑与指令。指令功能是将累加器 A 中的内容与源操作数所指定的内容进行按位逻辑与操作，并将结果送累加器 A。

后两条指令是以 direct 为目的地址的逻辑与指令。指令功能是将 direct 地址单元的内容与源操作数所指定的内容进行按位逻辑与操作，并将结果送 direct 地址单元。

在实际应用中，若需将目的操作数的某些位屏蔽，则可以和 0 相与；若需将某些位保持不变，则可以和 1 相与。

若 40H 单元存放的是 9 的 ASCII 码 39H，即（40H）=39H。若需将 40H 单元的内容变为 9 的 BCD 码，只需要用指令"ANL 39H，#0FH"将 39H 的高 4 位屏蔽，40H 单元的内容则变为 09H，即 9 的 BCD 码。

3. 逻辑或操作指令（按位进行"或"操作）

逻辑或操作指令（按位进行"或"操作）表示如下：

```
ORL A，Rn
ORL A，direct
ORL A，@Ri
ORL A，#data
ORL direct，A
ORL direct，#data
```

前 4 条指令是以累加器 A 为目的操作数的逻辑或指令。指令功能是将累加器 A 中的内容与源操作数所指定的内容进行按位逻辑或操作，并将结果传送到累加器 A。

后两条指令是以 direct 为目的地址的逻辑或指令。指令功能是将 direct 地址单元的内容与源操作数所指定的内容进行按位逻辑或操作，并将结果传送到 direct 地址单元。

在实际应用中，若需将目的操作数的某些位置 1，则可以和 1 进行或运算；若需将某些位保持不变，则可以和 0 进行或运算。利用或运算指令的这个特性，可以进行一些信号量的合并。

【例 2 - 2】 试编写程序满足下列需求:将片内 40H 单元的高 4 位传送到 P1 端口的对应位，但不能修改 P1 端口的低 4 位。

程序如下：

```
MOV   A，40H
ANL   A，#0F0H
ANL   P1，#0FH
ORL   P1，A
```

首先，用逻辑与运算指令将 40H 单元中的低 4 位和 P1 端口的高 4 位屏蔽，然后用逻辑或运算指令将修改后的 40H 单元的内容和 P1 的内容合并。

4. 逻辑异或指令（按位进行"异或"操作）

逻辑异或指令（按位进行"异或"操作）表示如下：

```
XRL   A，Rn
XRL   A，direct
```

XRL　A，@Ri

XRL　A，♯data

XRL　direct，A

XRL　direct，♯data

前 4 条指令是以累加器 A 为目的操作数的寄存器的逻辑异或指令。指令功能是将累加器 A 中的内容与源操作数所指定的内容进行按位逻辑异或操作，并将结果传送到累加器 A。

后两条是以 direct 为目的地址的逻辑异或指令。指令功能是将 direct 地址单元的内容与源操作数所指定的内容进行按位逻辑异或操作，并将结果传送到 direct 地址单元。

逻辑异或具体指两数异或，相同为 0，不同为 1。即 $0 \oplus 0 = 0$，$1 \oplus 1 = 0$，$0 \oplus 1 = 1$，$1 \oplus 0 = 1$。从运算结果看，规律为：与 0 相异或，数值不变；与 1 相异或，数值取反。异或指令的这些特性常被用来对数值进行部分取反操作以及判断两数是否相等。下面通过一个例子来学习这条指令。

若累加器 A 的内容为 08H，程序将跳转到 LOOP1 程序段，具体表示如下：

XRL　A，♯08H　　//异或指令执行 $08H \oplus 08H$，指令完成后 A 中内容为 0

JZ　　LOOP1　　　//根据 A 中内容进行跳转，若 A 为 0，则程序跳转至 LOOP1 程序段

2.3.5　控制转移类指令

控制转移类指令用于改变程序计数器 PC 的值，以控制程序的走向，作用区间为程序存储器空间，由于 MCS-51 单片机提供了较丰富的控制转移指令，因此在编程上相当灵活方便。

1. 无条件转移指令

1）短跳转指令

短跳转指令表示如下：

AJMP addr11

上述指令是在距离当前指令地址 2 KB 范围内的无条件跳转指令。执行该指令时，先将 PC 加上 2，然后将 addr11 送入 PC10～PC0，而 PC15～PC11 保持不变，即可得到跳转的目的地址。

注意：目标地址与 AJMP 后一条指令的第一个字节必须在同一个 2 KB 区域的存储器范围内。

2）相对转移指令

相对转移指令表示如下：

SJMP rel

执行该指令时，先将 PC 加 2，再把指令中带符号的偏移量加到 PC 上，将得到的跳转目标地址送入 PC 中。

3）长跳转指令

长跳转指令表示如下：

LJMP addr16

执行该指令时，将 16 位目标地址 addr16 装入 PC，程序无条件转向指定的目标地址。转移的目标地址可以在 64 KB 程序存储器地址空间的任何地方，不影响任何标志。

4）散转指令

散转指令表示如下：

JMP@A+DPTR

执行该指令时，将累加器 A 中的 8 位无符号数与数据指针中的 16 位数相加，结果作为下条指令的地址送入 PC。该指令不改变累加器 A 和数据指针 DPTR 的内容，也不影响标志位。利用这条指令能实现程序的散转。

例如，根据累加器的数值设计散转程序，表示如下：

```
        ORG   2000H
STR: MOV   DPTR，#TAB
        RLA
        JMP@A+DPTR
TAB: AJMP   KL0
        AJMP   KL1
        AJMP   KL2
        …
```

当 A 中的内容为 0 时，散转程序跳转到 KL0 执行；当 A 中的内容等于 1 时，散转程序跳转到 KL1 执行；当 A 中的内容等于 2 时，散转程序跳转到 KL2 执行。由于 AJMP 是两字节指令，所以在执行散转之前需要将 A 中数据乘以 2。

2. 条件转移指令

条件转移指令表示如下：

```
JZ rel    //(A)=0 时转移，不成立则顺序执行下一条指令
JNZ rel    //(A)≠0 时转移，不成立则顺序执行下一条指令
```

转移的下一条指令应在该指令的起始地址为中心的 256 KB 范围之内（−128～+127）。当条件满足时，则 PC←(PC)+N+rel，其中(PC)为该条件转移指令的第一个字节的地址，N 为该转移指令的字节数，本转移指令 N=2。

3. 比较转移指令

在 MCS-51 单片机指令系统中并未提供专门的比较指令，只提供了下面 4 条比较不相等的转移指令，即

```
CJNE A，direct，rel
CJNE A，#data，rel
CJNE Rn，#data，rel
CJNE @Ri，#data，rel
```

这组指令的功能是比较两个操作数的大小，如果它们的值不相等则转移。转移地址的计算方法与上述两条指令相同。如果第一个操作数（无符号整数）小于第二个操作数，则进位标志 Cy 置 1，否则清 0，但不影响任何操作数的内容。

4. 减 1 不为 0 转移指令

减 1 不为 0 转移指令表示如下：

```
DJNZ Rn，rel
DJNZ direct，rel
```

这两条指令表示将源操作数进行减 1 操作，如果结果不为 0，则转移到 PC←(PC)+N+rel，该指令不影响标志位。

5. 调用及返回指令

具备一定功能的程序通常作为子程序来执行，当主程序需要使用该子程序时可以使用

调用指令，并且应在子程序的最后编写一条子程序返回指令，以便程序在执行完子程序后可及时地返回主程序继续执行任务。

1) 绝对调用指令

绝对调用指令表示如下：

ACALL addr11

这是一条 2 KB 范围内的子程序调用指令。执行该指令时，先将 PC 加 2 以获得下一条指令的地址，然后将 16 位地址压入堆栈，SP 内容加 2，最后把 PC 的高 5 位（PC15～PC11）与指令中提供的 11 位地址 addr11 相连接（PC15～PC11，A10～A0），合成 16 位子程序的入口地址送入 PC，使程序转向子程序执行。

注意：所用子程序的入口地址必须与 ACALL 下一条指令的第一个字节位于同一个 2 KB区域的存储器范围内。

2) 长调用指令

长调用指令表示如下：

ACALL addr16

上述指令可无条件调用位于 16 位地址 addr16 的子程序。执行该指令时，先将 PC 加 3 以获得下一条指令的首地址，并将其压入堆栈（先压入低字节，后压入高字节），SP 内容加 2（递增堆栈），然后将 16 位地址放入 PC 中，执行以该地址为入口的程序。LCALL 指令可以调用 64 KB 范围内的任意子程序。指令执行后不影响任何标志。

3) 子程序返回指令

子程序返回指令表示如下：

RET

该指令的功能是恢复断点，即将调用子程序时压入堆栈的下一条指令的首地址取出送入 PC，使程序返回主程序继续执行。

4) 中断返回指令

中断返回指令表示如下：

RETI

该指令的功能与 RET 指令相似，不同之处是它还要清除 MCS-51 单片机内部的中断状态标志。

2.3.6　位操作类指令

位操作指令的操作数是字节中的某一位，每位取值只能是 0 或 1，又称布尔操作指令，布尔累加器 Cy 在指令中可简写成 C。

位操作指令的表达形式如下：

（1）直接地址方式，如 0A8H。

（2）点操作符方式，如 IE.0。

（3）位名称方式，如 EX0。

（4）用户定义方式，如用伪指令 BIT 将操作数定义为"WBZD0 BIT EX0"，经定义，允许指令中使用 WBZD0 代替 EX0。

1. 位数据传送指令

位数据传送指令表示如下：

MOV C, bit

MOV bit, C

这组指令的功能是：将源操作数指出的布尔变量送到目的操作数指定的位地址单元中。其中一个操作数是进位标志 Cy，另一个操作数可以是任意可直接寻址位。

2. 位变量修改指令（该组指令不影响其他标志位）

位变量修改指令表示如下：

CLR C；　　//将进位标志 C 清 0

CLR bit　　//将位 bit 清 0

CPL C　　　//将 C 取反

CPL bit　　//将 bit 取反

SETB C　　//将 C 置 1

SETB bit　　//将 bit 置 1

3. 位变量逻辑与指令

位变量逻辑与指令表示如下：

ANL C, bit

ANL C, /bit //bit 为 bit 的取反值

这组指令的功能是：如果源位的布尔值是逻辑 0，则将进位标志清 0，否则进位标志保持不变，不影响其他标志。

4. 位变量逻辑或指令

位变量逻辑或指令表示如下：

ORL C, bit

ORL C, /bit

该组指令的功能是如果源位的布尔值是逻辑 1，则将进位标志置 1；否则，进位标志保持不变，不影响其他标志。

5. 位变量条件转移指令

位变量条件转移指令表示如下：

JC rel　　　//若(Cy)=1，则转移 PC←(PC)+2+rel

JNC rel　　//若(Cy)=0，则转移 PC←(PC)+2+rel

JB bit, rel　　//若(bit)=1，则转移 PC←(PC)+3+rel

JNB bit, rel //若(bit)=0，则转移 PC←(PC)+3+rel

JBC bit, rel //若(bit)=1，则转移 PC←(PC)+3+rel，并将 bit 清 0

2.4　指令系统编程应用

汇编语言编程与其他语言编程原理一样，其程序结构主要有顺序结构、分支结构和循环结构等基本形式。

一个高质量的程序应该具有以下优点：占用存储空间少，运行时间短，程序的编制、调试及排错等所需要的时间短，结构清晰、易读，且易于移植。

1. 顺序结构程序

顺序结构程序是最简单、最基本的程序。该程序的编写顺序是依次向下执行每一条指

令,直到程序结束为止。顺序结构程序可参考例 2－1。

2. 分支程序

分支程序含有转移指令。转移指令包含无条件转移指令(如 JMP,LJMP,SJMP 等)和有条件转移指令(如 DJNZ,CJNE 等)。当执行无条件转移指令时,程序将无条件地转向一个预设的标号处执行。当执行条件转移指令时,程序会依据条件选择子程序,程序的分支可有 2 个以上。

分支程序设计特点如下:

(1) 建立可供条件转移指令测试的条件。

(2) 选择合适的条件转移指令。

(3) 在转移的目的地放置标号。

3. 循环程序

循环程序主要执行含有可以重复执行的程序段(循环体),循环程序的执行可以有效地缩短程序,减少程序占用的内存空间,使程序的结构紧凑、可读性好。

循环程序由循环初始化、循环体、循环控制以及循环结束等组成。循环程序的流程图如图 2－9 所示。

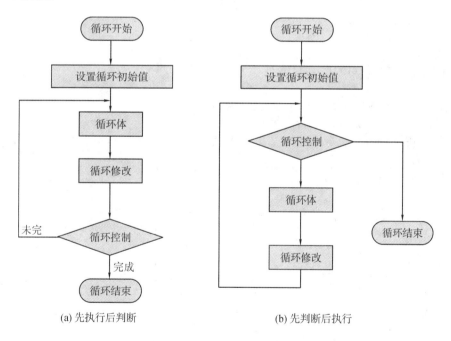

(a) 先执行后判断　　　　　　　　　　(b) 先判断后执行

图 2－9　循环程序流程图

【例 2－3】　编写程序,让 LED 流水灯进行亮灭闪烁工作,时间间隔 1 s。

```
/ * * * * * * * * * * * * * * * * * * * * * * * * * * * * * * * * * * * *
程序功能:编写程序让 LED 流水灯进行亮灭工作,间隔 1 s。
硬件接线:P2 端口接 LED 流水灯。
/ * * * * * * * * * * * * * * * * * * * * * * * * * * * * * * * * * * * *
     ORG 0000H
     SJMP MAIN
MAIN:
```

```
        MOV A，♯00H
        MOV P2，A           //让灯全亮
        LCALL DELAY1S      //延时 1 s
        MOV A，♯0FFH
        MOV P2，A           //让灯全灭
        LCALL DELAY1S      //延时 1 s
        SJMP MAIN
/ * * * * * * * * * * * * 延时 1 s 子函数 * * * * * * * * * * * * * * * *
DELAY1S：              //误差 0 μs
        MOV     R7，♯0A7H
DL1：
        MOV     R6，♯0ABH
DL0：
        MOV     R5，♯10H
        DJNZ    R5，$
        DJNZ    R6，DL0
        DJNZ    R7，DL1
        NOP
        RET
        END
```

【例 2 - 4】 编写程序让 LED 流水灯从右往左移动点亮。

```
/ * * * * * * * * * * * * * * * * * * * * * * * * * * * * * * * * * * * *
程序功能：编写程序让 LED 流水灯从右往左移动点亮。
硬件接线：P2 端口接 LED 流水灯，低电平点亮。
/ * * * * * * * * * * * * * * * * * * * * * * * * * * * * * * * * * * * *
        ORG     0000H
        SJMP    MAIN
MAIN：
        MOV     A，♯0FEH
LOOP：
        MOV     P2，A
        LCALL   DELAY100ms
        RR      A
        SJMP    LOOP
/ * * * * * * * * * * * * * 延时 100 ms 子函数 * * * * * * * * * * * * * *
DELAY100ms：              //误差 0 μs
        MOV     R7，♯13H
DL1：
        MOV     R6，♯14H
DL0：
        MOV     R5，♯82H
        DJNZ    R5，$
        DJNZ    R6，DL0
        DJNZ    R7，DL1
```

```
    RET
    END
```

【例 2 - 5】　编写程序让 LED 流水灯从右往左移动点亮，然后从左到右依次点亮。

```
/* * * * * * * * * * * * * * * * * * * * * * * * * * * * * * * * *
程序功能：编写程序让 LED 流水灯从右往左移动点亮，然后从左到右依次点亮
硬件接线：P2 端口接 LED 流水灯，低电平点亮
/* * * * * * * * * * * * * * * * * * * * * * * * * * * * * * * * *
    ORG     0000H
    SJMP    MAIN
MAIN：
    MOV     R0，#8        //R0，R1 为移动次数
    MOV     R1，#8
    MOV     A，#0FEH；移动初始值
/* * * * * * * * * * * * * * * * * * * 向左移动函数 * * * * * * * * *
Left：
    MOV     P2，A
    LCALL   DELAY100ms
    RLA
    DJNZ    R0，Left
/* * * * * * * * * * * * * * * * * * * 向右移动函数 * * * * * * * * *
Right：
    RR      A
    MOV     P2，A
    LCALL   DELAY100ms
    DJNZ    R1，Right
    SJMP    MAIN
/* * * * * * * * * * * * * * * * 延时 100 ms 子函数 * * * * * * * * * * *
DELAY100ms：       //误差 0 μs
    MOV     R7，#13H
DL1：
    MOV     R6，#14H
DL0：
    MOV     R5，#82H
    DJNZ    R5，$
    DJNZ    R6，DL0
    DJNZ    R7，DL1
    RET
    END
```

【例 2 - 6】　编写程序使 I/O 端口作输入功能使用。

```
/* * * * * * * * * * * * * * * * * * * * * * * * * * * * * * * * * *
程序功能：I/O 端口作输入功能使用。
硬件接线：P2 端口接键盘按键，P0 端口接 LED 流水灯。
/* * * * * * * * * * * * * * * * * * * * * * * * * * * * * * * * * *
    ORG     0000H
```

```
        SJMP      MAIN
MAIN：
        MOV       A，#0FFH
        MOV       P2，A       //令 P2 端口作输入功能引脚使用
LOOP：
        MOV       A，P2       //将 P2 输入口采集到的键盘按键值进行保存
        MOV       P0，A       //将 P2 端口采集到的键盘值赋给 P1 端口 LED 灯显示
        SJMP      LOOP
        END
```

【例 2 - 7】 编写程序，让 4 位 7 段数码管的最低位显示数字 2。

说明：7 段数码管的显示原理参见第 8 章。

/ *

程序功能：编写程序让 LED 数码管（共阳极）显示数字"2"。

硬件接线：P2 端口接数据端 a～dp，P0 端口接列线位选端。

/ *

```
        ORG       0000H
        SJMP      MAIN
MAIN：
        MOV       A，#08H      //让 4 位数码管的最低位(最右边位)工作
        MOV       P0，A
        MOV       A，#0A4H     //显示数字 2
        MOV       P2，A
        SJMP      MAIN
        END
```

【例 2 - 8】 编写程序，让 4 位 7 段数码管的最低位显示数字 2，并从右往左移动。

/ *

程序功能：编写程序让 LED 数码管（共阳极）显示数字 2，并从右往左移动。

硬件接线：P2 端口接数据端 a～dp，P0 端口接列线位选端。

/ *

```
        ORG   0000H
        SJMP  MAIN
MAIN：MOV   R0，#08H    //让 4 位数码管的最低位(最右边位)工作
LOOP：MOV   P0，R0
        MOV    A，R0
        RR A                   //让数字向左移动
        MOV    R0，A
        MOV    A，#0A4H   //显示数字 2
        MOV    P2，A
        LCALL  DELAY100MS
        SJMP     LOOP
```

/ * * * * * * * * * * * * * 延时 100 ms 函数 * * * * * * * * * * * * * * * * *

```
DELAY100MS：        //误差 0 μs
        MOV    R7，#13H
DL1：
```

```
    MOV    R6，#14H
DL0：
    MOV    R5，#82H
    DJNZ   R5，$
    DJNZ   R6，DL0
    DJNZ   R7，DL1
    RET
    END
```

【例 2 - 9】　编写程序使得数码管循环显示数字 0~9。

/ *

程序功能：编写程序使得数码管循环显示数字 0~9。

硬件接线：P0 端口控制位选，P2 端口控制段选。

/ *

```
    ORG    0000H
    SJMP   MAIN
MAIN：
    MOV    A，#08H
    MOV    P0，A           //让 4 位数码管的最低位(最右边位)工作
    MOV    A，#00H
    MOV    R0，#10         //显示 10 个数据
    MOV    R1，#0
    MOV    DPTR，#DIGIT //指向表头
LOOP：
    MOV    A，R1
    MOVC   A，@A+DPTR   //查找数据表中的数据
    MOV    P2，A
    INCR1                 //更改数据表中下一个数据
    LCALL  DELAY500MS
    DJNZ   R0，LOOP        //显示完数据表中的 10 个数据后从头开始显示
    SJMP   MAIN
DIGIT：
    DB0C0H，0F9H，0A4H，0B0H，099H，092H，082H，0F8H，080H，090H
```

/ * * * * * * * * * * * * * * * 延时 500 ms 函数 * * * * * * * * * * * * * * *

```
DELAY500MS：          //误差 0 μs
    MOV    R7，#17H
DL1：
    MOV    R6，#98H
DL0：
    MOV    R5，#46H
    DJNZ   R5，$
    DJNZ   R6，DL0
    DJNZ   R7，DL1
    RET
    END
```

【**例 2 - 10**】　编写程序使得 4 位数码管显示数字"1234"。

/ *

程序功能：编写程序使得数码管循环显示数字"1234"。

硬件接线：P0 端口控制位选，P2 端口控制段选。

/ *

```
        ORG     0000H
        SJMP    MAIN
MAIN：
        MOV     R0，#01H
        MOV     R1，#1              //从第 2 个数据"1"开始显示
        MOV     R2，#8              //向左移动 8 位，每位显示时间 2 ms
        MOV     DPTR，#DIGIT        //指向表头
```

/ * * * * * * * * * * 位显示 *

```
LOOP：
        MOV     P0，R0              //从第一位开始显示
        MOV     A，R0
        RL      A                  //准备让第二位开始显示
        MOV     R0，A
```

/ * * * * * * * * * * 数据显示 *

```
        MOV     A，R1
        MOVC    A，@A+DPTR          //查找数据表中的数据
        MOV     P2，A
        INCR1                      //更改数据表中下一个数据
        LCALL   DELAY5MS
        DJNZ    R2，LOOP            //显示完数据表中的 10 个数据后从头开始显示
        SJMP    MAIN
DIGIT：
        DB0C0H，0F9H，0A4H，0B0H，099H，092H，082H，0F8H，080H，090H
        /共阳 0 1 2 3 4 5 6 7 8 9
```

/ * * * * * * * * * * * 延时 500 ms 函数 * * * * * * * * * * * * * * *

```
DELAY5MS：                         //误差 0 μs
        MOV     R6，#04H
DL0：
        MOV     R5，#0F8H
        DJNZ    R5，$
        DJNZ    R6，DL0
        NOP
        RET
        END
```

2.5　汇编语言程序设计知识

计算机在完成一项工作时，必须按顺序执行各种操作。这些操作是程序设计人员用计算机所能接受的语言把解决问题的步骤事先描述好，也就是先编制好程序，再由计算机执

行。对于汇编语言程序设计，要求设计人员对单片机的硬件结构有较详细的了解。编程时，数据的存放、寄存器和工作单元的使用等要由设计人员安排；而高级语言程序则是由计算机软件完成的，程序设计人员不必考虑。

2.5.1　编程的步骤

编程时，根据要实现的目标，如被控对象的功能和工作过程要求，首先设计硬件电路，然后再根据具体的硬件环境进行程序设计。

1. 分析问题

首先，对需要解决的问题进行分析，以求对问题有正确的理解。例如，解决问题的任务是什么？工作过程是什么？现有的条件、已知的数据、对运算的精度和速度方面的要求是什么？设计的硬件结构是否方便编程等。

2. 确定算法

算法就是如何将实际问题转化成程序模块来处理。从教学角度来描述，可能有几种不同的算法。在编制程序以前，先要对不同的算法进行分析、比较，找出最适宜的算法。

1) 画程序流程图

程序流程图是使用各种图形、符号、有向线段等来说明程序设计过程的一种直观的表示方法，流程图常采用的图形和符号包括以下几种：

椭圆框（◯）或桶形框（▭），表示程序的开始或结束。

矩形框（▢），表示要进行的工作。

菱形框（◇），菱形框内的表达式表示要判断的内容。

圆圈（◯），表示连接点。

指向线（→），表示程序的流向。

流程图步骤分得越细致，编写程序时也就越方便。

一个程序按其功能可分为若干部分，通过流程图把具有一定功能的各部分有机地联系起来，从而使设计人员能够抓住程序的基本线索，对全局有完整的了解；还可使设计人员容易发现设计思想上的错误和矛盾，便于找出解决问题的途径。因此，画流程图是程序结构设计时常采用的一种重要手段，可以很容易地把较大的程序分成若干个模块，分别进行设计，最后合在一起联调。一个系统的软件要有总的流程图，即主程序框图，形式可以略微简单，侧重于反应各模块之间的相互联系。另外，还要有局部的流程图，反应某个模块的具体实现方案。

2) 编写程序

用 89C51 汇编语言编写的源程序行(一条语句)包括 4 个部分，也叫 4 个字段，具体形式如下所示：

［标号：］［操作码］［操作数］；［注释］

每个字段之间要用分隔符分隔，而每个字段内部不能使用分隔符。可以用作分隔符的符号包括空格“”、冒号“：”、逗号“，”、分号“；”等。例如：

LOOP：MOV A，♯00H；立即数 00H→A

（1）标号。

标号是用户定义的符号地址。一条指令的标号是该条指令的符号名称，标号的值是汇编这条指令时指令的地址。标号由以英文字母开始的 1～8 个字母或数字组成，以冒号"："结尾。

标号可以由赋值伪指令赋值，如果没有赋值，汇编程序则会用存放该指令目标码第一字节的存储单元的地址向该标号赋值，所以，标号又叫指令标号。

(2) 操作码。

操作码是必不可少的内容，常为一组字母符号。在 89C51/S51 中，由程序的指令系统助记符组成。

(3) 操作数。

汇编语言指令可包含或不包含操作数。两个操作数之间可用逗号"，"分开。

操作数字段的内容是复杂多样的，可包括以下 6 项。

① 工作寄存器名。由 PSW.3 和 PSW.4 规定的当前工作寄存器区中的 R0～R7 组成。

② 特殊功能寄存器名。89C51/S51 中 21 个特殊功能寄存器的名称都可以作为操作数使用。

③ 标号名。可以在操作数字段中引用的标号名包括：

赋值标号——由汇编指令 EQU 等赋值的标号可以作为操作数。

指令标号——指令标号虽未给赋值，但这条指令的第一字节地址就是这个标号的值，在以后的指令系统操作数字段中可以引用。

④ 常数。为了方便用户，汇编语言指令允许以各种数制表示常数，亦即常数可以写成二进制、十进制或十六进制等形式。常数总是要以一个数字开头(若十六进制的第一个数为"A～F"字符，则前面要加 0)，而数字后要直接跟一个表明数制的字母(B 表示二进制，H 表示十六进制)。

⑤ $。操作数字段中还可以使用一个专门的符号"$"，用来表示程序计数器的当前值。这个符号最常出现在转移指令中，如"JNB TF0，$"，表示若 TF0 为 0，则仍执行该指令；否则向下执行(等效于"$：JNB TF0，$")。

⑥ 表达式。汇编程序允许把表达式作为操作数使用。在汇编时，计算出表达式的值，并把该值填入目标码中。例如：MOV A，SUM+1。

(4) 注释。

注释并非汇编语言的功能部分，只是用于增加程序的可读性。内容清晰的注释是汇编语言程序的重要组成部分。

2.5.2　编程的方法和技巧

1. 模块化的程序设计方法

1) 程序功能模块化的优点

应用程序一般都由一个主程序(包括若干个功能模块)和多个子程序构成。每一个程序模块都能完成一个明确的任务、实现某个具体功能，如发送、接收、延时、显示、打印等。采用模块化的程序设计方法，具有下述优点：

(1) 单个模块结构的程序功能单一，易于编写、调试和修改。

(2) 便于分工，从而可使多个程序员同时进行程序的编写和调试工作，加快软件研发进度。

(3) 程序可读性好，便于功能扩充和版本升级。

（4）可局部修改程序，其他部分可以保持不变。

（5）对于使用频繁的子程序可以建立子程序库，便于多个模块调用。

2）划分模块的原则

在进行模块划分时，应首先明确每个模块的功能，确定其数据结构以及与其他模块的关系；其次是对主要任务进一步细化，把一些专用的子任务交由下一级（即第二级）子模块完成，还需要明确各模块之间的相互关系。按这种方法一直细分成易于理解和实现的小模块为止。

模块的划分有很大的灵活性，但也不能随意划分。划分模块时应遵循下述原则：

（1）每个模块应具有独立的功能，能产生一个明确的结果，即单模块的功能具有高内聚性。

（2）模块之间的控制耦合应尽量简单，较少应用数据耦合，即模块间应实现低耦合。控制耦合是指模块进入和退出的条件及方式，数据耦合是指模块间的信息交换方式、交换量及交换频率。

（3）模块长度适中。模块语句的长度通常为 20～100 条。模块太长，分析和调试比较困难，失去了模块化程序结构的优越性；模块过短，则其连接复杂，信息交换频繁，因而也不适用于编程。

2. 编程技巧

在进行程序设计时，应该注意以下事项：

（1）尽量采用循环结构和子程序。这样可以使程序的总容量大大减少，提高程序的效率，节省内存。在多重循环时，要注意各重循环的初值和循环结束条件。

（2）尽量少用无条件转移指令。这样可以使程序条理更加清楚，从而减少错误。

（3）对于通用的子程序，考虑到其通用性，除了用于存放子程序入口参数的寄存器外，子程序中用到的其他寄存器的内容应压入堆栈（返回前再弹出），即保护现场。一般不必把标志寄存器压入堆栈。

（4）由于中断请求是随机产生的，所以在中断处理程序中，除了要保护处理程序中用到的寄存器外，还要保护标志寄存器。因为在中断处理过程中，难免对标志位产生影响，而程序在中断处理结束后返回主程序时，可能会遇到以中断前的状态标志位为依据的条件转移指令，如果标志位被破坏，则整个程序就被打乱了。

（5）累加器是信息传递的枢纽。用累加器传递入口参数或返回参数比较方便，即在调用子程序时，可通过累加器传递程序的入口参数；反之亦然，即通过累加器向主程序传递返回参数。所以，在子程序中，一般不必把累加器的内容压入堆栈。

2.5.3　汇编语言程序的基本结构

汇编语言程序具有顺序结构、分支结构、循环结构和子程序结构 4 种结构形式。

1. 顺序程序

顺序程序是最简单的程序结构，也称直线程序。这种程序中既无分支、循环，也不调用子程序，程序按顺序一条一条地执行命令。

【例 2 - 11】　编写双字节加法程序段。

设被加数存放于片内 RAM 的 addr1（低位字节）和 addr2（高位字节），加数存放于 adddr3（低位字节）和 addr4（高位字节），运算结果和数字存于 addr1 和 addr2 中。其程序段如下：

```
START：PUSH    ACC           //将 A 中内容进栈保护
        MOV     R0，♯addr1    //将 addr1 地址值送 R0
        MOV     R1，♯addr3    //将 addr3 地址值送 R1
        MOV     A，@R0        //被加数低字节内容送 A
        ADD     A，@R1        //低字节数相加
        MOV     @R0，A        //低字节数和存 addr1 中
        INCR0                 //指向被加数高位字节
        INCR1                 //指向加数高位字节
        MOV     A，@R0        //被加数高位字节送 A
        ADDC    A，@R1        //高字节数相加
        MOV     @R0，A        //高字节数和存 addr2 中
        POPACC                //恢复 A 原内容
```

这里将 A 中原内容进栈保护，如果有必要，原 R0 和 R1 内容亦需进栈保护。

【例 2 - 12】 编写拆字程序。

将片内 RAM 20H 单元的内容拆成两段，每段 4 位，并将它们分别存入 21H 与 22H 单元中。其程序如下：

```
        ORG     2000H
START：MOV     R0，♯21H      //21H→R0
        MOV     A，20H        //(20H)→A
        ANL     A，♯0FH       //A∧♯0FH→A
        MOV     @R0，A        //(A)→(R0)
        INC     R0           //R0+1→R0
        MOV     A，20H        //(20H)→A
        SWAP    A，           //$A_{0\sim3} \leftarrow \rightarrow A_{4\sim7}$
        ANL     A，♯0FH       //A∧♯0FH→A
        MOV     @R0，A        //(A)→(R0)
```

【例 2 - 13】 编写 16 位数求补程序。

设 16 位二进制数在 R1 和 R0 中，求补结果存于 R3 和 R2 中。程序如下：

```
        MOV     A，R0         //16 位数低 8 位送 A
        CPL     A            //求反
        ADD     A，♯01H       //加 1
        MOV     R2，A         //存补码低 8 位
        MOV     A，R1         //取 16 位数高 8 位
        CLP     A            //求反
        ADDC    A，♯00H       //加进位
        MOV     R3，A         //存补码高 8 位
```

求补过程就是取反加 1。由于 89C51/S51 的加 1 指令不影响标志位，所以，取反后立即使用 ADD 指令；然后高 8 位取反，再加上来自低位的进位。

2. 分支程序

程序分支是通过条件转移指令实现的，即根据条件对程序的执行进行判断。若满足条件，则进行程序转移；若不满足条件，则顺序执行程序。

在 89C51/S51 指令系统中，通过条件判断实现单分支程序转移的指令有 JZ、JNZ、CJNE、DJNZ 等。此外，还有以位状态作为条件进行程序分支的指令，如 JC、JNC、JB、JNB、JBC 等。使用这些指令可以完成 0、1、正、负以及相等、不相等作为各种条件判断依据的程序转移。

分支程序又分为单分支和多分支结构。单分支结构的程序很多，此处不过多赘述。

对于多分支程序的转移，首先把分支程序按序号排列，然后再按照序号值进行转移。假如分支转移序号的最大值为 n，则分支转移结构如图 2 - 10 所示。例如，对于 n 个按键的转移，一般是转向 n 个键的功能处理程序。

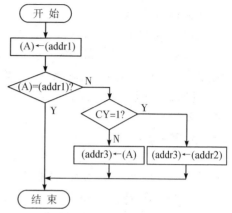

图 2 - 10　求大数程序流程图

【**例 2 - 14**】　设计 128 种分支的转移程序。

功能：根据入口条件转移到 128 个目的地址。

入口：(R3)＝转移目的地址的序号 00H～7FH。

出口：转移到相应子程序入口。

程序如下：

```
JMP_128: MOV    A, R3
         RL     A
         MOV    DPTR, #JMPTAB
         JMP    @A+DPTR
JMPTAB:  AJMP   ROUT00  ⎫
         AJMP   ROUT01  ⎬ 128 个子程序首址
           ⋮     ⋮      ⎮
         AJMP   ROUT7F  ⎭
```

说明：此程序要求 128 个转移目的地址（ROUT00～ROUT7FH）必须驻留在与绝对转移指令 AJMP 相同的一个 2 KB 存储区内。RL 指令对变址部分乘以 2，因为每条 AJMP 指令占两个字节。如果改用 LJMP 指令，则目的地址可以任意安排在 64 KB 的程序存储器空间内，但程序应作较大的修改。

【**例 2 - 15**】　求存放于 addr1 和 addr2 中的两个无符号二进制数中的大数并存于 addr3中。

其程序流程如图 2 - 10 所示，程序段如下：

```
         addr1   DATA 31H
         addr2   DATA 32H
         addr3   DATA 30H
TART: MOV    A, addr1              //将 addr1 中内容送 A
```

```
          CJNE    A，addr2，LOOP1      //两数比较，不相等则转 LOOP1
          SJMP    LOOP3
LOOP1：JC     LOOP2                   //当 CY=1，转 LOOP2
          MOV     addr3，A             //CY=0，(A)>(addr2)
          SJMP    LOOP3               //转结束
LOOP2：MOV     addr3，addr2            //CY=1，(addr2)>(A)
LOOP3：END                            //结束
```

可见，CJNE 是一条功能极强的比较指令，它可对数值进行比较。通过寄存器和直接寻址方式，可派生出多条比较指令。同样，该指令也属于相对转移。

【例 2 - 16】 片内 RAM 的 ONE 和 TWO 两个单元中存有两个无符号数，将两个数中的小者存入 30H 单元。

程序如下：

```
          ONE     DATA    31H
          TWO     DATA    32H
          MOV     A，ONE               //第一个数送 A
          CJNE    A，TWO，BIG          //比较
          SJMP    STORE               //相等 ONE 作为小
BIG：    JC      STORE               //有借位 ONE 为小
          MOV     A，TWO               //无借位 TWO 为小
STORE：MOV     30H，A                //小者送 RAM
          END
```

其流程图如图 2 - 11 所示，为典型的分支程序。

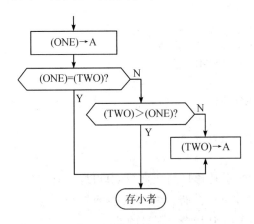

图 2 - 11　分支程序框图

【例 2 - 17】 设变量 x 存放在 VAR 单元中，函数值 y 存放在 FUNC 中，按下式给 y 赋值。

$$y=\begin{cases} 1 & x>0 \\ 0 & x=0 \\ -1 & x<0 \end{cases}$$

程序流程图如图 2 - 12 所示。

程序如下：

```
          VAR     DATA    30H
```

```
             FUNC  DATA   31H
START：MOV    A，VAR               //取 x
       JZ     COMP              //为 0 转 COMP
       JNB    ACC.7，POSI        //x>0 转 POSI
       MOV    A，#0FFH           // x<0，−1→A
       SJMP   COMP
POSI：  MOVA，#01H
COMP： MOVFUNC，A
       END
```

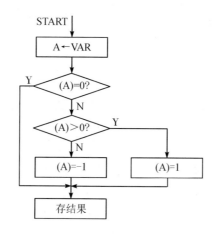

图 2−12　赋值程序流程

3. 循环程序

循环程序是最常见的程序组织方式。在程序运行时，有时需要连续重复执行某段程序，这时可以使用循环程序，以简化操作。

循环程序的结构一般包括下面几个部分。

1）置循环初值

对于循环过程中所使用的工作单元，在循环开始时应置初值。例如，工作寄存器需设置计数初值，累加器 A 需清 0，地址指针、长度等也需进行相应设计。这是循环程序中的一个重要部分，需格外注意。

2）循环体（循环工作部分）

重复执行的程序段部分分为循环工作部分和循环控制部分。循环控制部分每循环一次，应检查结束条件，当满足条件时，停止循环，然后继续执行其他程序。

3）修改控制变量

在循环程序中，必须给出循环结束条件，常见的是计数循环，即当循环一定的次数后，就应停止循环。在单片机中，一般用一个工作寄存器 Rn 作为计数器，对该计数器赋初值作为循环次数。每循环一次，计数器的值减 1，即修改循环控制变量，当计数器的值减为 0 时，就停止循环。

4）循环控制部分

根据循环结束条件，判断是否结束循环。89C51/S51 系统可采用 DJNZ 指令来自动修改控制变量，并能结束循环。

上述 4 个部分有两种组织形式，如图 2−13 所示。

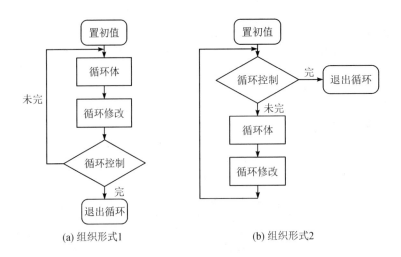

(a) 组织形式1　　　　　　　　　　(b) 组织形式2

图 2-13　循环程序的组织形式

循环程序在实际设计中应用极广。对前面列举的程序，如果采用循环程序设计方法，可大大简化源程序。

【**例 2-18**】　设计软件延时程序。

当单片机时钟确定后，每条指令的指令周期是确定的，在指令表中已用机器周期表示出来。因此，根据程序执行所用的总的机器周期数，可以较准确地计算程序执行完所用的时间。软件延时是实际经常采用的一种短时间定时方法。

（1）采用循环程序进行软件延时子程序，程序如下：

```
DELAY：MOV   R2，#data        //预置循环控制常数
DELAY1：DJNZ  R2，DELAY1      //当(R2)≠0 时，转向本身
       RET
```

根据 R2 的不同初值，可实现 3～513（#data＝1～255）个机器周期的延时（第 1 条为单周期指令，第 2 条为双周期指令）。

（2）采用双重循环的延时子程序，程序如下：

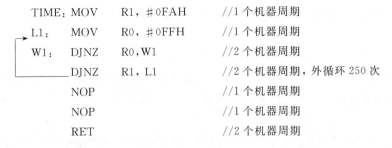

```
TIME：MOV   R1，#0FAH       //1 个机器周期
L1：  MOV   R0，#0FFH       //1 个机器周期
W1：  DJNZ  R0，W1          //2 个机器周期
      DJNZ  R1，L1          //2 个机器周期，外循环 250 次
      NOP                  //1 个机器周期
      NOP                  //1 个机器周期
      RET                  //2 个机器周期
```

计算延时时间 t：

$$N=1+(1+2\times255+2)\times250+1+1+2=128\ 255\ 个机器周期（T）$$

如果 f＝6 MHz，T＝2 μs，则

$$t=N\times T=128\ 255\times2=256\ 510\ \mu s=256.51\ ms$$

调整 R0 和 R1 中的参数，可改变延时时间。如果需要加长延时时间，则可增加循环嵌入。在延时时间较长，不便多占用 CPU 时间的情况下，一般采用定时器方法。

若需要延时更长时间，则可采用多重循环，如 1 s 延时可用 3 重循环，而用 7 重循环可延时几年。

【例 2 - 19】 设计多字节无符号数加法程序。

设被加数低字节地址存于 R0 中，加数低字节地址存于 R1 中，字节数存于 R3 中。相加的结果依次存于原被加数单元。加法程序段如下：

```
START： MOV   A，R0        //保存被加数首地址
        MOV   R5，A
        MOV   A，R3        //保存字节数
        MOV   R7，A
        CLRC
ADDA：  MOV   A，@R0
        ADDC  A，@R1       //做加法
        MOV   @R0，A       //部分和存入对应的被加数单元
        INC   R0          //指向下一个字节单元
        INC   R1
        DJNZ  R7，ADDA     //若(R7)-1≠0，则继续做加法
        JNC   ADDB        //若最高字节相加无进位，则转 ADDB
        INC   R3          //有进位(CY)，字节数加 1
        MOV   @R0，♯01H    //最高进位位存入被加数下一单元
ADDB：  MOV   A，R5        //和数低字节地址送 A
        MOV   R0，A        //A 送 R0，为读取和数作准备
        END               //结束
```

由于最高字节内容相加可能产生进位，因此，和数字节单元比被加数单元多一个。这里，把字节数和被加数最低字节地址保存在 R5 和 R7 中，目的是为读取和数作准备。

2.5.4 伪指令

单片机汇编语言程序设计中，除了使用指令系统规定的指令外，有时还要用到一些伪指令。伪指令又称指示性指令，具有和指令类似的形式，但汇编时伪指令并不产生可执行的目标代码，只是对汇编过程进行某种控制或提供某些汇编信息。

1. ORG

格式：〔标号：〕 ORG 16 位地址或标号。

功能：定位伪指令，规定程序块或数据库存放的起始位置。

说明：由 ORG 定义的地址空间必须从小到大排列，且不允许重复。

例如：

```
ORG   1000H     //表示下面的一条指令"MOV  A，♯20H"存放于 1000H 开始的单元
MOV   A，♯20H
```

2. DB

格式：〔标号：〕 DB 字节数据表。

功能：定义字节数据伪指令，用于在程序存储器中定义一个或多个字节。

说明：将字节数据表中的数据从左到右依次存放在指定地址单元。

例如：

      ORG　1000H

TAB：

      DB　2BH，0A0H，A，2 * 4

表示从 1000H 单元开始的地方存放数据 2BH、0A0H、41H（字母 A 的 ASCII 码）和 08H。

3. DW

格式：［标号：］DW 字数据表。

功能：定义字数据伪指令，与 DB 类似。

说明：DW 定义的数据项为字，包括两个字节，存放时高位在前、低位在后。

例如：

      ORG　1000H

DATA：

      DW　324AH，3CH

表示从 1000H 单元开始的地方存放数据 32H、4AH、00H 和 3CH（3CH 以字形式表示为 003CH）。

4. 定义空间伪指令 DS

格式：［标号：］　DS　表达式。

功能：定义空间伪指令。

说明：从指定的地址开始，保留作为备用空间的存储单元的个数。

例如：

      ORG　1000H

 BUF：

      DS　50H

 TAB：

      DB　22H

从 1000H 开始的地址预留 50 个（1000H～1031H）存储字节空间，22H 存放在 1032H 单元。

5. EQU 或"＝"

格式：符号名 EQU 表达式 或 符号名＝表达式。

功能：符号定义伪指令，将表达式的值或某个特定汇编符号定义为一个指定的符号名。

说明：只能定义单字节数据，并且必须遵循"先定义后使用"的原则，因此该语句通常放在源程序的开头部分。

例如：

LEN＝10

SUM　EQU　21H

…

MOV　A，♯LEN　　//执行指令后，累加器 A 中的值为 0AH

…

6. DATA

格式：符号名 DATA 表达式。

功能：数据赋值伪指令，将表达式的值或某个特定汇编符号定义为一个指定的符号名。

说明：只能定义单字节数据，而且可以先使用后定义，因此数据可以放在程序末尾进行数据定义。

例如：

MOV　A，♯LEN

　　…

LEN　DATA　10

尽管 LEN 的引用在定义之前，但汇编语言系统仍可以确定 A 的值是 0AH。

7. XDATA

格式：符号名　XDATA　表达式。

功能：数据地址赋值伪指令，将表达式的值或某个特定汇编符号定义为一个指定的符号名。

说明：可以先使用后定义，并且用于双字节数据定义。

例如：

DELAY　XDATA　0356H

　　…

LCALL　DELAY　　　　//执行指令后，程序转到 0356H 单元执行

8. END

格式：〔标号：〕　END。

功能：汇编结束伪指令，汇编语言源程序结束标志，用于整个汇编语言程序的末尾。

说明：END 后面的语句将不被汇编成机器码。

思 考 与 练 习

1. 简述下列基本概念：指令、指令系统、机器语言、汇编语言、高级语言。

2. 什么是计算机的指令和指令系统？

3. 简述 89C51/S51 汇编指令格式。

4. 简述 89C51/S51 的寻址方式和所能涉及的寻址空间。

5. 访问特殊功能寄存器和片外数据存储器时，应该采用哪些寻址方式？

第 3 章

单片机 C 语言程序设计

3.1　C 语言与 51 单片机

在进行单片机应用系统的程序设计时，汇编语言是一种常用的软件工具。它能直接操作硬件，指令的执行速度也很快。但其指令系统的格式受硬件结构的限制很大，程序不易理解，且难于编写与调试，可移植性差。目前在单片机的开发应用中，已逐渐开始引入高级语言，C 语言就是其中的一种。采用 C 语言时，即使对单片机的具体硬件结构和指令系统了解不深，也能够编出符合硬件应用的程序。

3.1.1　C 语言与 51 单片机概述

C 语言在 20 世纪 70 年代早期诞生于美国，是 Unix 操作系统的实现语言。C51 程序是由德国 Keil 公司将 C 语言和 MCS-51 单片机相对接并改进之后的 C 语言。用 C51 编写的 51 单片机应用程序，虽然不用像汇编语言那样需要具体组织、分配存储器资源和处理端口数据，但数据类型与变量的定义需与单片机的存储结构相关联，否则编译器不能正确地映射定位。

3.1.2　C51 程序结构

编写单片机应用程序时，C51 程序与标准 C 语言程序在语法规则、程序结构及程序设计方法等方面基本相同，但 C51 程序与标准的 C 语言程序还是有所区别的，主要表现在以下几方面：

（1）C51 中定义的库函数和标准 C 语言定义的库函数不同。标准 C 语言的库函数是按通用微型计算机来定义的，而 C51 中的库函数是按 51 单片机结构来定义的。

（2）C51 中的数据类型与标准 C 语言的数据类型也有区别，在 C51 中还增加了几种针对 MCS-51 单片机特有的数据类型。

（3）C51 变量的存储模式与标准 C 语言中变量的存储模式不一样，C51 中变量的存储模式与 MCS-51 单片机的存储器结构密切相关。

（4）C51 与标准 C 语言的输入/输出处理方式不同，C51 中的输入/输出是通过 MCS-51 串行口来完成的，输入/输出指令执行前必须要对串行口进行初始化。

（5）C51 与标准 C 语言在函数使用方面也有一定的区别，C51 中有专门的中断函数。

3.2　数据与运算

3.2.1　数据与数据类型

C51 扩展的数据类型包括以下 4 种。

1. bit 位型

bit 是 C51 编译器的一种扩充数据类型，可用于定义一个位变量，但不能定义位指针，也不能定义位数组。它的取值是一个二进制位，不是 0 就是 1。

2. sfr(特殊功能寄存器)

MCS-51 单片机内部所有 8 位的特殊功能寄存器都可以用 sfr 数据类型来访问，占用一个内存单元，值域为 0~255。例如：

sfr P1＝0x90；

上述程序段定义 P1 为单片机内部的 P1 特殊功能寄存器，在后面的程序中可用 P1＝255(此语句可对 P1 端口的所有管脚置高电平)语句来操作 P1 特殊功能寄存器。

sfr 关键字后面紧跟一个要定义的名字，等号后面必须是特殊功能寄存器的地址，不允许使用带运算符的表达式。

所有特殊功能寄存器已在文件"reg51.h"中被定义，如果在 C 语言程序开头使用 ♯include "reg51.h"，则包含命令无需逐一定义，可以直接使用单片机内部的所有特殊功能寄存器。

3. sfr16(16 位特殊功能寄存器型)

16 位的特殊功能寄存器用 sfr16 类型来访问，其用法同 sfr，例如：

sfr16　DPTR＝0x82；

上述程序段定义 DPTR 为单片机内部的特殊功能寄存器 DPTR，因为地址 DPL＝82H，DPH＝83H，T0 和 T1 不能用 sfr16 定义，则地址 TL0＝8AH，TH0＝8CH，地址不连续。

4. sbit 位型

对可位寻址的特殊功能寄存器中的位变量用 sbit 来定义。sbit 也是 C51 编译器的一种扩充数据类型，可用于从字节中定义一个位寻址对象，访问片内 RAM 中的可寻址位或特殊功能寄存器中的可寻址位。如要访问 P1 端口的 P1.1 管脚，可进行如下 3 种操作：

(1) sbit 位变量名＝位地址。例如：

sbit P11＝0x91；

这是把位的绝对地址赋给位变量。

(2) sbit 位变量名＝特殊功能寄存器名^位的位置。例如：

sfr P1＝0x90；

sbit P11＝P1^1；

先定义一个特殊功能寄存器名，再指定位变量所在的位置。

(3) sbit 位变量名＝字节地址^位的位置。例如：

sbit P11＝0x90^1；

含义为用 P11 表示单片机内部地址为 90 的特殊功能寄存器的第 1 位。

3.2.2　常量与变量

常量是在程序运行过程中其值不能改变的量，而变量是在程序运行过程中其值可以不断变化的量。

1. 常量

常量的数据类型包括整型、浮点型、字符型、字符串型和位标量，可用于不必改变值的场合，如固定的数据表、字库等。

1）整型常量

整型常量可以表示为十进制形式、十六进制形式［加上前缀 0（读作零）X 或 0x］或八进制形式（用数字 0 作前缀）。长整型常量在数字后面加字母 L。

2）浮点型常量

浮点型常量可表示为十进制形式和指数形式。

3）字符型常量

字符常量是指用单引号括起来的单个字符。转义字符是一种特殊的字符常量。

4）字符串常量

字符串常量是由一对双引号括起来的字符序列。系统会在字符串尾部加上转义字符"\0"作为字符串的结束标志。

5）位常量

位常量是一位二进制值 0 或 1。

6）符号常量

常量也可以用一个符号来表示。符号常量在使用之前必须先作定义。定义方式如下：

＃define 标识符 常量 /＊用预处理命令，把标识符定义为其后的常量值＊/

例如：

＃define PI 3.14

这样在后面的程序中就可以用 PI 代表 3.14 这个实数数值，此定义方式称为宏定义，必须在程序的开头定义（在 mian 函数的外面定义）。

2. 变量

变量数据类型可以选用 C51 所有支持的数据类型，必须先定义后使用。在 C51 程序设计中，定义一个变量的格式如下：

［存储种类］　数据类型　［存储器类型］　变量名；

1）数据类型

变量的数据类型可以是 C51 编译器支持的各种数据类型。指定数据类型时要注意变量的数值范围。在程序中应尽可能使用无符号字符变量（单字节变量）和位变量。C51 的数据类型详见表 3-1。

表 3 - 1　C51 数据类型

序号	数据类型	长度	值域范围
1	unsigned char	1 byte	0～255
	signed char	1 byte	−128～127
2	unsigned int	2 byte	0～65536
	signed int	2 byte	−32768～32767
3	unsigned long	4 byte	0～4294967295
	signed long	4 byte	−2147483648～2147483647
4	float	4 byte	$\pm1.175494E-38～\pm3.402823E+38$
5	*	1～3 byte	对象的地址
6	bit	1 bit	0，1
7	sfr	1 byte	0～255
8	sfr16	2 byte	0～65536
9	sbit	1 bit	0，1

（1）char(字符类型)。

char 用来定义单字节数据变量和字符型变量。有 signed char 和 unsigned char 之分，默认值为 signed char。对于 signed char 型数据，其字节中的最高位表示该数据的符号，"0"表示正数，"1"表示负数。负数用补码表示。char 所能表示的数值范围是 −128～127。unsigned char 型数据是无符号字符型数据，其字节中的所有位均用来表示数据的数值，所表示的数值范围是 0～255。

（2）int(整型)。

int 有 signed int 和 unsigned int 之分，默认值为 signed int。signed int 是有符号整型数，字节中的最高位表示数据的符号，"0"表示正数，"1"表示负数。int 所能表示的数值范围是 −32768～+32767。unsigned int 是无符号整型数，所表示的数值范围是 0～65535。

（3）long(长整型)。

long 有 signed long 和 unsigned long 之分，默认值为 signed long，其长度均为 4 个字节。singed long 是有符号的长整型数据，字节中的最高位表示数据的符号，" 0"表示正数，"1"表示负数。long 数值的表示范围是−2147483648～2147483647。unsigned long 是无符号长整型数据，数值的表示范围是 0～4294967295。

（4）float(浮点型)。

float 是符合 IEEE - 754 标准的单精度浮点型数据，在十进制中具有 7 位有效数字。float 型数据占用 4 个字节(2 位二进制数)。需要指出的是，浮点型数据除包含正常数值外，还可能出现非正常数值。根据 IEEE 标准，当浮点型数据取以下数值(十六进制数)时即为非正常值：FFFFFFFFH 非数(NaN)，7F800000H 正溢出(＋INF)，FF800000H 负溢出(−INF)。

另外，由于 8051 单片机不包括捕获浮点运算错误的中断向量，因此必须由用户自己根据可能出现的错误条件用软件来进行适当的处理。

（5）＊（指针型）。

指针型数据不同于以上 4 种基本数据类型，它本身是一个变量，但在这个变量中存放的不是普通的数据，而是指向另一个数据的地址。指针变量也要占据一定的内存单元，在 C51 中指针变量的长度一般为 1～3 B。指针变量也具有类型，其表示方法是在指针符号"＊"的前面冠以数据类型符号。如"char ＊ Point1;"表示 Point1 是一个字符型的指针变量。指针变量的类型表示该指针所指向地址中数据的类型。使用指针型变量可以方便地对 8051 单片机的各部分物理地址直接进行操作。

（6）bit（位标量）。

bit 是 C51 编译器的一种扩充数据类型，可用于定义一个位标量，但不能定义位指针，也不能定义位数组。

（7）sfr（特殊功能寄存器）。

sfr 也是 C51 编译器的一种扩充数据类型，可用于访问 8051 单片机的所有内部特殊功能寄存器。sfr 型数据占用一个内存单元，其取值范围为 0～255。

（8）sfr16（16 位特殊功能寄存器）。

sfr16 占用两个内存单元，取值范围是 0～65 535。

（9）sbit（可寻址位）。

sbit 也是 C51 编译器的一种扩充数据类型，可用于访问 8051 单片机内部 RAM 中的可寻址位或特殊功能寄存器中的可寻址位。

2）变量名

变量名即变量的标识，在编程时要使用合法的 C 语言标识符。合法的 C 语言标识符由字母、数字和下划线组成，且必须由字母或下划线开头，字母的大小写不等价。在 C51 编译器中，标识符的有效位数不能超过 32 位。

3）存储器类型

MCS-51 单片机的存储器结构和一般微型计算机不同，在 MCS-51 单片机中程序存储和数据存储严格分开，各有片内和片外两部分，特殊功能寄存器和片内数据存储器统一编址。存储器类型是指定变量位于单片机的存储器的区域。

Keil C51 编译器能识别的存储器类型详见表 3-2。

表 3-2　C51 存储器类型

存储器类型	说　明
data	直接访问内部数据存储器（128 B），访问速度最快
bdata	可位寻址内部数据存储器（16 B），允许位与字节混合访问
idata	间接访问内部数据存储器（256 B），允许访问全部内部地址
pdata	分页访问外部数据存储器（256 B），相当于用 MOVX @Ri 指令访问
xdata	外部数据存储器（64 KB），相当于用 MOVX @DPTR 指令访问
code	程序存储器（64 KB），相当于用 MOVC @A＋DPTR 指令访问

例如：

unsigned int code num[10]＝{0, 1, 4, 9, 16, 25, 36, 49, 64, 81};

unsigned char data y;

int idata a＝6；

unsigned char pdata y1；

第一行表示定义数组 num 的 10 个 int 型数据存储于程序存储器 ROM 中。

第二行表示在内部 RAM 中定义一个 char 型变量 y。

第三行表示在内部 RAM 或特殊功能寄存器中定义一个 int 型变量 a，并赋值 6。

第四行表示在外部 RAM 的前 256B 空间内定义一个 char 型变量 y1。

定义变量时如果省略存储器类型，系统则会按编译模式 SMALL、COMPACT 或 LARGE 所规定的默认存储器类型去指定变量的存储区域，C51 主要编译模式如表 3 - 3 所示。无论何种存储模式都可以在任意 8051 存储区范围声明变量，且把最常用的变量、命令放在内部数据区，显著提高了系统性能。

表 3 - 3　C51 主要编译模式

存储模式	说　　　明
SMALL	函数参数及局部变量放在片内 RAM（默认变量类型为 DATA，最大 128 B）；另外，所有对象包括栈都优先放置于片内 RAM，当片内 RAM 用满，再向片外 RAM 放置
COMPACT	参数及局部变量放在片外 RAM（默认的存储类型是 PDATA，最大 256 B）；通过 R0、R1 间接寻址，栈位于 8051 片内 RAM
LARGE	参数及局部变量直接放入片外 RAM（默认的存储类型是 XDATA，最大 64 KB）；使用数据指针 DPTR 间接寻址，因此访问效率较低且直接影响代码长度

4）存储种类

变量的存储种类包括自动（auto）、外部（extern）、静态（static）和寄存器（register）4 种形式。在定义一个变量时如果省略存储种类选项，则该变量将为自动变量。此项完全等同于标准 C 语言。

3. 特殊功能寄存器变量

在 C51 中，允许用户对特殊功能寄存器进行访问，访问时必须通过 sfr 或 sfr16 数据类型说明符进行定义，定义时应指明其所对应的片内 RAM 单元的地址，使定义后的特殊功能寄存器变量与 51 单片机的 sfr 对应。

特殊功能寄存器变量定义格式如下：

sfr 8 位特殊功能寄存器名＝特殊功能寄存器字节地址常数；

sfr16 16 位特殊功能寄存器名＝特殊功能寄存器字节地址常数；

例如：

sfr P1＝0x90；

sfr16 DPTR＝0x06；

4. 位变量

在 C51 中，允许用户通过位类型符定义位变量。位类型符包含 bit 和 sbit 两种，可以定义两种位变量。

bit 位类型符用于定义一般可进行位处理的位变量。它的定义格式如下：

bit　位变量名；

位变量的存储器类型包括 bdata、data、idata，即位变量的空间只能是片内 RAM 的可位寻址区 20H～2FH，严格来说只能是 bdata。例如：

```
bit   data   a1;        / * 正确 * /
bit   bdata  a2;        / * 正确 * /
bit   pdata  a3;        / * 错误 * /
bit   xdata  a4;        / * 错误 * /
```

sbit 位类型符用于定义在可位寻址字节或特殊功能寄存器中的位，定义时需指明其位地址，可以是位直接地址、可位寻址变量带位号、特殊功能寄存器名带位号。定义格式如下：

sbit 位变量名＝位地址常数；

例如：

```
sbit   CY＝oxd7;
unsigned  char  bdata  flag;
sbit   flag0＝flag^0;
sfr    P1＝0x90;
sbit   P1_0＝P1^0;
sbit   P1_2＝0x90^2;
```

3.2.3　绝对地址的访问

在 C51 程序中可以使用存储单元的绝对地址来访问存储器。C51 提供了 3 种访问绝对地址的方法。

1. 使用 C51 中绝对宏

C51 编译器提供了一组宏定义来对 51 系列单片机的 code、data、pdata 和 xdata 空间进行绝对寻址。在头文件 absacc.h 中定义了 8 个绝对宏，宏名为 CBYTE、DBYTE、PBYTE、XBYTE、CWORD、DWORD、PWORD 和 XWORD。

访问形式如下：

宏名［地址］

其中，CBYTE 以字节形式对 code 区寻址，DBYTE 以字节形式对 data 区寻址，PBYTE 以字节形式对 pdata 区寻址，XBYTE 以字节形式对 xdata 区寻址，CWORD 以字形式对 code 区寻址，DWORD 以字形式对 data 区寻址，PWORD 以字形式对 pdata 区寻址，XWORD 以字形式对 xdata 区寻址。

在程序中，使用文件包含命令"# include　〈absacc. h〉"，然后可使用其中定义的宏来访问绝对地址。例如：

```
# include  〈absacc. h〉       / * 将绝对地址头文件包含在文件中 * /
void   main(void)
  {
    unsigned  cha  var1;
```

```
unsigned    int    var2；
var1＝XBYTE[0x0006]；  /＊利用 XBYTE[0x0006]访问片外 RAM 的 0006H 字节单元，取单
                        元内容赋值给变量 var1＊/
var2＝XWORD[0x0002]；  /＊利用 XWORD[0x0002]访问片外 RAM 的 0004H 字单元＊/
    …
}
```

2. 使用 C51 扩展关键字_at_

使用_at_对指定的存储器空间的绝对地址进行访问，一般格式如下：

　　　　［存储器类型］　数据类型说明符　变量名　_at_　地址常数；

说明：

（1）通过这种绝对地址定义的变量不能被初使化。

（2）bit 型函数及变量不能用_at_指定。

（3）使用_at_定义的变量必须为全局变量。

例如：

```
data    char    x1 _at_ 0x29；      /＊在 data 区中定义字符变量 x1，它的地址为 29H＊/
xdata   int     x2 _at_ 0x2006；    /＊在 xdata 区中定义整型变量 x2，它的地址为 2006H＊/
```

3. 通过指针访问

Keil C51 编译器允许用户规定指针指向的存储段，这种指针叫具体指针，可有效节省存储空间。采用具体指针可以实现在 C51 程序中对任意指定的存储器单元进行访问。

【例 4-1】　编写程序，通过指针实现绝对地址的访问。

```
#define    uchar    unsigned char      /＊定义符号 uchar 为数据类型符 unsigned char＊/
#define    uint    unsigned int        /＊定义符号 uint 为数据类型符 unsigned int＊/
void    main(void)
{
    uchar    data    var1；
    uchar    pdata   *p1；              /＊定义一个指向 pdata 区的指针 p1＊/
    uint    xdata    *p2；              /＊定义一个指向 xdata 区的指针 p2＊/
    uchar    data    *p3；              /＊定义一个指向 data 区的指针 p3＊/
    p1＝0x30；                          /＊p1 指针赋值，使 p1 指向 pdata 区的 30H 单元＊/
    p2＝0x1000；                        /＊p2 指针赋值，使 p2 指向 xdata 区的 1000H 单元＊/
    *p1＝0xff；                         /＊将数据 0xff 送到片外 RAM30H 单元＊/
    *p2＝0x1234；                       /＊将数据 0x1234 送到片外 RAM1000H 单元＊/
    p3＝&var1；                         /＊p3 指针指向 data 区的 var1 变量＊/
    *p3＝0x20；                         /＊给变量 var1 赋值 0x20＊/
}
```

3.2.4　基本运算符和表达式

1. 算术运算符和表达式

算术运算符用于各类数值运算，包括加（＋）、减（－）、乘（＊）、除（/）、求余（或称模运算，%）、自增（＋＋）和自减（－－）7 种。

由算术运算符将各种运算对象连接起来的符合 C 语言语法的算式称为算术表达式。

2. 关系运算符和表达式

关系运算符用于比较运算，包括大于（＞）、小于（＜）、大于等于（＞＝）、小于等于（＜＝）、等于（＝＝）和不等于（！＝）6 种。

在关系运算符中，＞、＞＝、＜、＜＝的优先级别相同，高于＝＝和！＝，＝＝和！＝优先级别相同。关系运算符的优先级低于算术运算符。关系运算符的结合性为左结合。

由关系运算符将两个表达式连接起来所形成的算式称为关系表达式。关系表达式通常用来完成某种条件的判断。关系表达式的结果是逻辑值，即条件成立，结果为"1"，不成立时结果为"0"。

3. 逻辑运算符和表达式

逻辑运算符用于逻辑运算，包括逻辑与（＆＆）、逻辑或（||）、逻辑非（！）3 种。

逻辑与和逻辑或是双目运算符，具有左结合性；逻辑非为单目运算符，具有右结合性。在逻辑运算符中，逻辑非的优先级最高，逻辑与次之，逻辑或最低。

用逻辑运算符将逻辑量连接起来的算式称为逻辑表达式。其逻辑量可以是任何合法的 C 语言表达式。在 C 语言中，判断真假时，"0"为假，"非 0"为真；计算逻辑量时，真的结果为"1"，假的结果为"0"。

4. 位运算符和表达式

运用位运算符可以使参与运算的量按二进制位进行运算，包括位与（＆）、位或（|）、位非（～）、位异或（^）、左移（≪）和右移（≫）6 种。

例如，若 $a=11001100B$，$b=10101010B$，有：

$c=a\&b$，则 $c=10001000B$；

$c=a|b$，则 $c=11101110B$；

$c=a^b$，则 $c=01100110B$；

$c=\sim a$，则 $c=00110011B$；

$c=a\ll1$，则 $c=10011000B$；

$c=a\gg1$，则 $c=11100110B$；

$c=a\gg3$，则 $c=11111001B$。

$c=00001100B\gg1$，则 $c=00000110B$。

$c=00001111B\ll1$，则 $c=00011110B$。

C 语言中无法使用二进制数，例题中使用二进制数是为了便于说明运算符的运算法则。

由位算符构成的算式为位表达式。注意位运算符的作用是按位对变量进行运算，并不改变参与运算的变量值。位运算的对象只能是整型或字符型，不能为实型数据。

5. 赋值运算符和表达式

赋值运算符用于赋值运算，分为简单赋值（＝）、复合算术赋值（＋＝、－＝、＊＝、/＝、％＝）和复合位运算赋值（＆＝、|＝、^＝、≫＝、≪＝）3 类共 11 种。

赋值运算符的优先级与关系运算符、逻辑运算符和位运算符比较级别最低，具有右结合性。

赋值表达式的一般形式为：

〈变量〉〈赋值运算符〉〈表达式〉

6. 条件运算符和表达式

条件运算符"?："是一个三目运算符，也是 C 语言中唯一的三目运算，可以把 3 个表达式连接成一个条件表达式，用于条件求值。其一般形式为：

表达式 1? 表达式 2：表达式 3

7. 逗号运算符和表达式

逗号运算符"，"用于把若干表达式组合成一个表达式。其一般形式为：

表达式 1，表达式 2，表达式 3，…

逗号运算符在所有运算符中优先级最低，具有左结合性。

用逗号运算符把两个表达式连接起来的表达式称为逗号表达式。

3.2.5　C51 的表达式语句和复合语句

1. 表达式语句

表达式语句是 C 语言中最基本的一种语句。在表达式的后边加一个分号"；"就构成了表达式语句，例如：

a＝b＊29；

x＝4，y＝6；

2. 空语句

在 C 语言中有一个特殊的表达式语句，称为空语句，它仅仅由一个分号"；"组成。

3. 复合语句

C 语言程序中经常使用一种复合语句。常用{}将若干条语句组合在一起形成一种功能块，这种由若干条语句组合而成的语句称作复合语句。

复合语句的一般形式为：

```
{
    局部变量定义；
    语句 1；
    语句 2；
    …
}
```

3.3　C51 程序基本结构与控制语句

3.3.1　C51 程序的基本结构

C 语言是一种结构化程序设计语言，以函数为基本单位，每个函数的编程都由若干基本结构组成。归纳起来，C51 有顺序结构、选择结构和循环结构 3 种基本结构。

1. 顺序结构

顺序结构是一种最基本、最简单的编程结构，在这种结构中，程序由低地址向高地址顺序执行指令代码。如图 3-1 所示，程序要先执行 A，然后再执行 B，两者是顺序执行的关系。

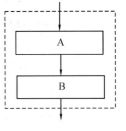

2. 选择语句

在 C51 中，有 3 种条件语句可实现选择结构，包括 if 语句、if-else 语句和 if-else-if 语句。C51 还支持多分支结构，多分支结构既可以通过 if 和 if—else 语句嵌套实现，也可以用 swith 语句实现。

图 3-1　顺序结构

1) if 语句

if 语句是 C51 中的一个基本条件选择语句，通常有 3 种格式。

第一种格式为

if(表达式) 语句

其执行过程是：先计算表达式的值，若表达式的值为真（非 0），则执行其后的语句；若表达式的值为假（等于 0），则不执行语句，直接跳过，执行后面的程序。例如：

if(x>y) printf("x=%d\n", x);

第二种格式为

if(表达式) 语句 1

else　语句 2

其执行过程是：如果表达式的值为真，则执行语句 1；如果表达式的值为假，则执行语句 2。例如：

if(x>y) max=x;

else max=y;

第三种格式为：

if(表达式 1) 语句 1

else　if(表达式 2) 语句 2

else　if(表达式 3) 语句 3

…

else　if(表达式 n-1) 语句 n-1

else 语句 n

其执行过程是：先判断表达式 1 的值，如果为真，则执行语句 1；如果表达式 1 的值为假，再判断表达式 2 的值。如果表达式 2 为真，执行语句 2，否则判断表达式 3，如此依次判断。若有表达式成立就执行对应的语句，如果所有表达式都为假，则执行语句 n。

例如：

if　(score>=90)　printf("Your result is an A\n");

else if　(score>=80)　printf("Your result is an B\n");

else if　(score>=70)　printf("Your result is an C\n");

else if　(score>=60)　printf("Your result is an D\n");

else　printf("Your result is an E\n");

2) switch 语句

if 语句通过嵌套可以实现多分支结构，但结构复杂。switch 是 C51 提供的专门处理多分支结构的多分支选择语句。它的格式如下：

```
switch(表达式)
{case 常量表达式 1：语句 1；
case 常量表达式 2：语句 2；
…
case 常量表达式 n：语句 n；
default：语句 n+1；}
```

例如：

```
switch(score/10)
{
    case 10：
    case 9：    printf("Your result is an A\n")；break；
    case 8：    printf("Your result is an B\n")；break；
    case 7：    printf("Your result is an C\n")；break；
    case 6：    printf("Your result is an D\n")；break；
    default：printf("Your result is an E\n")；
}
```

3. 循环结构

1）while 语句

while 语句在 C51 中用于实现当型循环结构，它的格式如下：

while(表达式)

语句；/ * 循环体 * /

while 语句后面的表达式是能否循环的条件，其后的语句是循环体。当表达式为非 0（真)时，就重复执行循环体内的语句；当表达式为 0（假)，则中止 while 循环，程序将执行循环结构之外的下一条语句。

2）do while 语句

do while 语句在 C51 语言中用于实现直到型循环结构，它的格式如下：

do

语句；   / * 循环体 * /

while(表达式)；

该语句的特点是：先执行循环体中的语句，再判别表达式的值。如表达式为非 0（真），则再执行循环体，然后继续判断，直到有表达式为 0（假)时，退出循环，执行 do while 结构的下一条语句。

3）for 语句

在 C51 语言中，for 语句是使用最灵活、最广泛的循环控制语句，同时也最为复杂。它可以用于循环次数已经确定的情况，也可以用于循环次数不确定的情况。该语句完全可以代替 while 语句，功能最为强大。其格式表示如下：

for(表达式 1；表达式 2；表达式 3)

语句；   / * 循环体 * /

for 语句后附带 3 个表达式，其执行过程如下：

（1）先求解表达式 1 的值。

（2）求解表达式 2 的值，如表达式 2 的值为真，则执行循环体中的语句，然后执行第（3）步操作，如表达式 2 的值为假，则转到第（5）步。

（3）求解表达式 3。

（4）转到第（2）步继续执行。

（5）退出 for 循环，执行下面的语句。

在 for 循环中，一般表达式 1 为初值表达式，用于给循环变量赋初值。表达式 2 为条件表达式，对循环变量进行判断。表达式 3 为循环变量更新表达式，用于对循环变量的值进行更新，使循环变量在不满足条件时退出循环。

在一个循环的循环体中允许包含一个完整的循环结构，这种结构称为循环的嵌套。外面的循环称为外循环，里面的循环称为内循环，如果在内循环的循环体内又包含循环结构，就构成了多重循环。在 C51 中，允许 3 种循环结构相互嵌套。

例如，用嵌套结构构造一个延时程序，程序如下：

```
void    delay(unsigned   int   x)
{
    unsigned   char j;
    while(x——)    {for (j=0; j<125; j++); }
}
```

3.3.2　C51 程序的控制语句

C51 程序的控制语句包括 break 和 continue 语句。

1. break 语句

break 语句的一般形式为：

break;

作用：跳出所在的多分支 switch 语句，包括 while、do while 和 for 循环语句（提前结束循环）。

2. continue 语句

continue 语句一般形式为：

continue;

作用：在循环结构中用于结束本次循环，跳过循环体中 continue 后尚未执行的语句，直接进行下一次是否执行循环的判定。

continue 语句和 break 语句的区别在于：continue 语句只是结束本次循环而非终止整个循环；break 语句则是结束循环，不再进行条件判断。

3.4　函　　　数

C 程序是由函数构成的，函数相当于其他高级语言中的过程和子程序。每个函数实现一个特定的功能，是相互独立的，可供主函数或其他函数调用。一个主函数和若干其他函数的集合构成一个 C 语言源程序。采用函数结构的编程方法，可使 C 语言程序结构清晰，易于编写、阅读和维护。

3.4.1 函数的分类

从用户使用的角度，C 语言函数分为库函数和用户自定义函数两种。C 语言系统本身提供了非常丰富的库函数供程序调用。用户还可以根据需要编写自定义函数。根据函数的形式，C 语言函数又分为无参函数和有参函数两种。无参函数在被调用时不需要主调函数传递某些数据；有参函数在被调用时需要主调函数向其传递数据。

在 C51 语言中，需要区分和编写中断函数。

3.4.2 函数的定义

函数定义的一般格式如下：

函数类型 函数名(形式参数表列)［reentrant］［interrupt m］［using n］
{
　　声明部分
　　执行部分
}

前面部分称为函数的首部，后面部分称为函数体。

1. 函数类型

函数类型用于说明函数返回值的数据类型。

2. 函数名

函数名是自定义函数的名称，以便调用函数时使用。

3. 形式参数表

形式参数表用于列出在主调函数与被调用函数之间进行数据传递的形式参数的数据类型和名称。

4. 声明部分

声明部分主要完成变量的定义、对被调用函数的声明等。

5. 执行部分

执行部分由一系列语句组成，用于完成函数的具体功能设计。

6. reentrant 修饰符

reentrant 修饰符用于把函数定义为可重入函数。所谓可重入函数，就是允许被递归调用的函数。函数的递归调用是指当一个函数正被调用尚未返回时，程序直接或间接调用函数本身。一般的函数无法进行此项操作，只有重入函数才允许递归调用。

3.4.3 函数的调用

C 语言程序中函数是可以互相调用的。在函数调用时，通过主调函数的实际参数与被调函数的形式参数之间进行数据传递，来实现函数间参数的传递。

函数调用的一般形式如下：

函数名(实际参数表列);

函数调用中的实参与函数定义中的形参必须在个数、类型及顺序上严格保持一致,以便将实际参数的值正确地传递给形式参数,否则在函数调用时会产生错误结果。

按照函数调用在主调函数中出现的位置,函数调用方式有以下 3 种:

(1) 函数语句:把被调用函数作为主调用函数的一个语句。

(2) 函数表达式:函数被放在一个表达式中,以一个运算对象的方式出现。这时的被调用函数要求带有返回语句,以返回一个明确的数值参加表达式的运算。

(3) 函数参数:此时被调用函数作为另一个函数的实际参数。

函数调用的前提是被调函数必须已经存在,即已定义过。如果使用库函数,需采用预处理命令"♯include < ＊ ＊ ＊ .h>"将有关函数的信息包含到本文件中。当使用了用户自定义函数时,如果在函数定义之前调用,需要在主调函数中对被调函数进行声明。

在 C51 中,函数声明(函数原型)一般形式如下:

[extern]函数类型　　函数名(形式参数表);

3.4.4　函数值

函数的值是指函数被调用后,执行被调函数体中的程序段所取得并返回给主调函数的值。函数的值一般通过 return 语句返回主调函数。return 语句的一般形式为

return 表达式;

或

return (表达式);

该语句的功能是计算表达式的值,并返回给主调函数。在函数中允许有多个 return 语句,但每次调用只能有一个 return 语句被执行,因此只能返回一个函数值。

如果被调函数中没有 return 语句,函数并非不带回返回值,只是不带回有用的值(带回一个不确定的值)。为明确表示不带回值,可以用 void 定义其为无类型(空类型)。

3.4.5　中断函数的定义

中断函数定义的一般格式如下:

void 函数名(void) interrupt　m　　using　n

{

　　　声明部分

　　　执行部分

}

1. interrupt m 修饰符

interrupt m 是 C51 函数中非常重要的一个修饰符。在 C51 程序设计中,中断过程通过使用 interrupt 关键字和中断号 m(0~31)来实现。中断号与中断源的对应关系如表 3-4 所示。中断号对应 8051 单片机的中断程序的入口地址。只有中断函数定义时才能用 interrupt m 修饰符,系统编译时把对应函数转化为中断函数,自动加上程序头段和尾段,并按 MCS-51 系统中断的处理方式处理。MCS-51 系统中断函数一般没有函数值,也没有参数传递,所以可全部使用 void 关键字。

表 3-4　中断号与中断源的对应关系

中断号 m	对应中断源
0	外部中断 0
1	定时器/计数器 T0
2	外部中断 1
3	定时器/计数器 T1
4	串行口中断
5	定时器/计数器 T2
6~31	预留值

例如，编写一个用于统计外中断 0 的中断次数的中断服务程序，具体程序表示如下：

```
extern  int  x=0;
main()
{
  ...
}
void  int0()  interrupt 0  using  3
{
  x++;
}
```

2. using n 修饰符

using n 修饰符用于指定中断服务程序使用的工作寄存器组，C51 编译器用特定的编译器指令分配寄存器组。当前工作寄存器由 PSW 中 RS1、RS0 两位设置，用 using 指定，其中 n 的取值为 0~3，表示寄存器组号。"using"只允许用于中断函数，它在中断函数入口处将当前寄存器组保留，并在中断程序中使用指定的寄存器组，在函数退出前恢复原寄存器组（相当于现场保护）。

例如，在工作方式 1 中，利用定时器 T0，统计 T0 中断次数，程序如下：

```
#include <reg51.h>
#include <stdio.h>
extern unsigned int t_count;
void timer_int(void) interrupt 1 using 0
{
    TR0=0;
    TH0=0X3C;
    TL0=0XB0;
    TR0=1;
    t_count++;
}
```

3. void 关键字

void 表示无值或者无参数，MCS-51 系统中断函数没有函数值，也没有参数传递，所以可全部使用 void 关键字。

4．中断函数的调用

中断函数无需像普通函数那样调用，当发生中断时，中断函数将自动运行，称为系统调用。

3.5　C51 构造数据类型

3.5.1　数组

数组是一组有序数据的集合。数组中每一个元素的类型均相同。数组必须先定义后使用。常用的数组有一维数组、二维数组和字符数组。

一维数组的定义形式为：

类型说明符　数组名[常量表达式]；

其中，类型说明符是数组中各元素的数据类型。数组名是用户定义的数组标识符。方括号中的常量表达式表示数据元素的个数，也称为数组的长度。例如：

　　int a[8]; /＊定义一个数组，数组名 a，有 8 个元素，每个元素的类型均为 int＊/

3.5.2　指针

在 C 语言中通常把一个变量的地址称为指针。指针变量是一个变量，其值是另一个变量的地址。指针变量与其他变量一样，必须先定义后使用。指针变量定义的一般形式为：

类型说明符　[存储器类型]　指针变量名

其中，类型说明符定义指针变量的基类型，说明该指针变量可以指向的变量类型。存储器类型是 C51 的扩展，是可选项。程序含有此项，指针被定义为基于存储器的指针；若无此项，则被定义为一般指针。例如：

　　char　　＊p;　　　　　/＊p 为一个指向 char 型变量的指针，而 p 本身则依存储模式存放＊/

　　char data　＊str;　/＊str 指向 data 区中 char 型数据＊/

　　int xdata　＊pow; /＊pow 指向外部 RAM 的 int 型整数＊/

C 语言为使用指针变量提供了两种运算符，即取地址运算符 & 和取内容运算符 ＊。

取地址运算符 & 属于单目运算符，其结合性为自右至左，其功能是取变量的地址。取地址的一般形式为：

指针变量 ＝ & 目标变量；

其功能是将目标变量的地址赋给左边的指针变量，使指针变量指向目标变量。例如：

　　int a;

　　int ＊p;

　　p＝&a;　/＊表示将 a 的地址赋给 p＊/

取内容运算符(＊)是单目运算符，其结合性为自右至左，用来表示指针变量所指的变量。取内容的一般形式为：

变量 ＝ ＊指针变量；

其功能是将指针变量所指向的目标变量的值赋给左边的变量。例如：

```
int a, b, * p;
p=&a;
* p=5;   /* 表示给 a 赋值 5 */
b= * p;   /* 表示将 a 的值赋给 b */
```

3.5.3 结构体和联合体

1. 结构体

结构体是一种构造数据类型,它是将若干个不同类型的数据结合在一起而形成的集合体。组成该集合体的各个数据称为结构体元素或成员。整个集合体使用一个单独的结构体变量名。一般来说,结构中的各个成员之间是存在某种关系的,如时间数据中的时、分、秒,日期数据中的年、月、日等。

结构体变量是取值为结构体的构造数据类型的变量,结构数据类型和结构体变量都必须先定义后使用。一个结构体类型的一般形式为:

```
struct 结构名
{
    成员表列
};
```

其中,成员表由若干个成员组成,各个成员可以定义成不同的数据类型,所以必须作类型说明。

例如,定义一个时间结构体类型 time,由 hour、min、sec 3 个成员组成,程序如下:

```
struct   time
{
    char   hour;
    char   min;
    char   sec;
};
```

定义完成一个结构体类型后,就可以用这种数据类型来定义结构体变量,定义的一般形式为:

struct 结构体名 结构体变量名;

例如,定义结构体 time 类型的变量 time1 和指针变量 pt,程序如下:

struct   time   time1, * pt;

引用结构体成员的一般格式如下:

结构变量名.结构元素名

或

结构变量名->结构元素名

其中,"."是结构体的成员运算符。符号"->"可实现利用指针对结构体变量的引用。

例如,time1. hour 表示结构变量 time1 中的元素 hour,time1. min 表示结构变量 time1 中的元素 min。

2. 联合体

在 C51 语言中,联合体也是一种构造数据类型。联合体与结构体有一些相似之处,能够把不同类型的数据组合在一起使用，但其与结构体有本质上的不同。结构体中定义的各个成员在一段连续的内存中占用不同的内存单元，在位置上是分开的，一个结构体变量的总长度是各成员长度之和。而联合体中定义的各个成员在内存中都是从同一个地址开始存放，共享一段内存空间，一个联合变量的长度等于各成分中最长部分的长度。结构体变量中的各个元素可以同时进行访问，而联合体变量中的各个元素在同一时刻只能对一个元素进行访问。

定义一个联合体类型的一般形式为：

union 联合名

｛

成员表列

｝；

定义联合体变量的格式如下：

union 联合类型名　变量列表；

联合体变量中元素的引用与结构体变量中元素的引用格式相同，形式如下：

联合变量名. 联合元素

或

联合变量名->联合元素

3.5.4　枚举

如果一个变量只有几种可能的值，可以定义为枚举类型。所谓枚举，就是将变量的值一一列举出来，变量的取值只限于列出的范围。

枚举类型定义的一般形式为：

enum 枚举名｛ 枚举值列表 ｝；

其中，枚举值列表中应列出所有可用值，这些值也称为枚举元素。

3.6　实例——LED 显示

任务：将 0～9 这 10 个数循环送入 P0 端口七段 LED 上显示，P2.0 接公共端高电平有效，P2.0 接显示器公共端。

C51 程序如下：

```c
#include "reg51.h"
sbit P20=P2^0;
void mDelay(unsigned int DelayTime)
{ unsigned int  j=0;
  for(;DelayTime>0;DelayTime--)
  {
    for(j=0;j<125;j++){;}
  }
}
void main()
```

```
{ unsigned char str[10]={0xc0,0xf9,0xa4,0xb0,0x99,0x92,0x82,0xf8,0x80,0x90};
 unsigned char i;
P20=1;
 while(1)
{for(i=0；i<10；i++)
   {
       P0=str[i];
       mDelay(1000)；/* 延时 1000 ms */
   }
 }
}
```

思 考 与 练 习

1. 汇编程序与 C 语言程序各分别有哪些特点?

2. 如何完成循环结构?

3. 如何灵活使用 for 语句?

4. 将以前学过的汇编程序改为 C 语言编写并进行调试与运行。

5. 编制程序完成以下功能:

(1) P1 端口发光二极管点亮控制。

用开关控制 P1 端口发光二极管点亮,当开关为高电平时,4 个二极管点亮时间 1 s、停止 1 s,循环运行;当开关为低电平时,4 个二极管不点亮。

(2) P1 端口发光二极管循环点亮控制。

使 4 个发光二极管依次点亮,点亮时间 1 s、2 s、3 s、4 s,灯与灯之间停顿 2 s,然后调头重新开始,循环运行。

(3) P1 端口发光二极管左移右移循环点亮控制。

使 8 个发光二极管先左移逐一点亮后,再右移逐一点亮,如此循环。

(4) P1 端口发光二极管转弯灯控制。

P1.0 开关接 5 V 时,右转弯灯(P1.2、P1.4)闪亮。

P1.1 开关接 5 V 时,左转弯灯(P1.3、P1.5)闪亮。

P1.0 与 P1.1 开关同时接 5 V 或接地时,转弯灯均不闪亮。

第4章

单片机系统程序开发与仿真

单片机系统的设计与开发包括硬件和软件两方面。硬件是单片机系统的基本组成,要求设计者具备一定的电路基础知识和元器件应用能力、电路设计能力等;软件的设计必须依照硬件结构和电气特性要求,程序以硬件功能的稳定实现为目的。本章从单片机系统软件设计入手,介绍单片机程序开发使用的程序和设计平台与仿真平台,硬件设计将在以后章节中介绍。

4.1　单片机程序开发与开发平台——Keil C

Keil 是美国 Keil Software 公司推出的一款 51 系列兼容单片机 C 语言程序设计软件。目前,Keil 使用较多的版本为 μVision3,它集可视化编程、编译、调试、仿真于一体,支持51 汇编、PLM 和 C 语言的混合编程,界面友好、易学易用、功能强大。Keil 软件包含功能强大的编辑器、工程管理器以及各种编译工具,包括 C 编译器、宏汇编器、链接/装载器和十六进制文件转换器。

4.1.1　Keil μVision3 的工作界面

Keil μVision3 软件的安装方法同标准 Windows 软件安装。安装之后在桌面或者开始菜单中运行 Keil,启动后的工作界面如图 4-1 所示,主要分为菜单工具栏、项目工作区、源码编辑区和输出提示区。

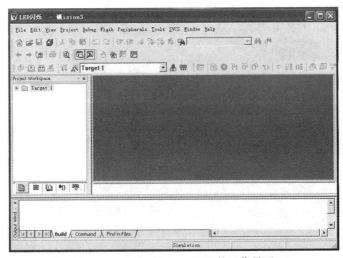

图 4-1　Keil μVision3 IDE 的工作界面

Keil 为用户提供了可以快速选择命令的工具栏、菜单条、源代码窗口及对话框窗口。菜单条提供各种操作命令菜单,用于编辑操作、项目维护、工具选项、程序调试、窗口选择以及帮助。另外,工具条按钮和键盘快捷键允许快速执行命令。下面通过一个实例说明 Keil 常用的菜单及命令应用方法,菜单功能可以查阅本书附录 1。

4.1.2　Keil 的应用

Keil 集成的工程管理器使得应用程序的开发更加容易。Keil 平台把单片机系统软件部分作为一个工程,完整的程序设计过程包括选择工具集(基于 ARM 的工程),创建新的工程和选择 CPU,添加工作手册,创建新的源文件,在工程里加入源文件,创建文件组,设置目标硬件的工具选项,配置 CPU 启动代码,编译工程和创建应用程序代码,为 PROM 编程创建 HEX 文件等。

针对单片机的程序设计,Keil 应用包含工程文件的创建、新建源文件并添加到工程中、程序编写及编译调试 4 个基本步骤。为了便于说明各个过程,本节以单片机最小系统为硬件基础,把一个 LED 灯接在 P0.0 端口,低电平有效,编程实现 LED 灯的闪烁。图 4-2 是在单片机最小系统基础上的 LED 灯闪烁电路。

(1) 创建工程文件,选择单片机芯片。

单击 Keil 菜单中"Project"→"New μVision Project..." 菜单项,μVision 3 将打开对话框,输入工程名称后即可创建一个新的工程。注意,新建工程要使用独立的文件夹,需要在新建工程对话窗口上点击新建一个文件夹并命名,例如"LED 闪烁"。在"Project Workspace"区域的"Files"选项卡里可以查阅项目结构,如图 4-3 所示。

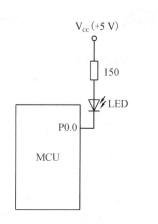

图 4-2　LED 灯闪烁电路　　　　图 4-3　工作空间项目结构

当确定工程文件建立后,此时 μVision 3 会自动弹出对话框要求为目标工程选择 CPU,如图 4-4 所示。对话框包含了 μVision3 的设备数据库,在左侧一栏选定公司和机型,然后右侧一栏会显示对此单片机的基本说明,为目标设备设置必要的工具选项,通过这种方法可简化工具配置。如果使用的单片机为 STC89C51,应选择 Atmel 的 AT89C51 或 Intel 的 8051,它们与 STC89C51 有相同的内核。

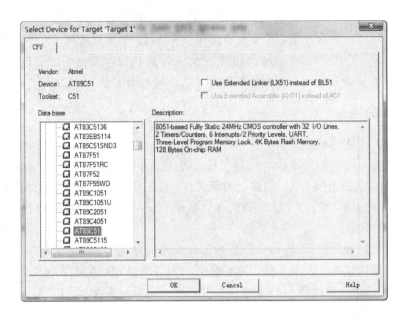

图 4-4　选择目标工程的 CPU

程序需要通过 CPU 的初始化代码来配置目标硬件。启动代码用于配置设备微处理器和初始化编译器运行时的系统。对于大部分设备来说，μVision3 会提示将 CPU 指定的启动代码复制到工程中。如果这些文件需要作适当的修改以匹配目标硬件，应当将文件拷贝到工程文件夹中，如图 4-5 所示。

图 4-5　是否加入启动代码的对话框

如果工程中需要使用这些启动代码，应选择"是(Y)"；如果不使用 Keil 编写启动代码，可以选择"否(N)"。点击"是(Y)"后，工程建立完成。在本例点击"否(N)"。

（2）创建新的源文件并添加在工程中。

① 新建一个 C 语言文件。

选择菜单"File"→"New"或点击"　　"图标以创建一个新的源文件，选项会打开一个空的编辑窗口，即编写程序的页面，用户就可以在此窗口里输入源代码。然后点击菜单"File"→"Save"命令，以扩展名"＊.c"保存文件，如图 4-6 所示。这里保存的文件名为"led.c"。

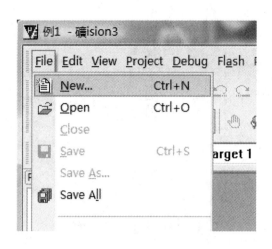

图 4 - 6　创建新文件

② 在工程里加入源文件。

源文件创建完后，需要在工程里加入这个文件。在工程工作区中，移动鼠标选择"Source Group 1"，然后点击鼠标右键，将弹出一个下拉窗口，如图 4 - 7 所示。选择"Add Files to Group 'Source Group 1'"选项会打开一个标准的文件对话框，在对话框里选择前面所创建的 C 源文件，然后点击"Add"。这时文件已被添加到工程，再点击"Close"关闭该对话框即可。除了将程序代码文件添加到工程外，还可以添加头文件(＊.h)和库文件(＊.lib)等。

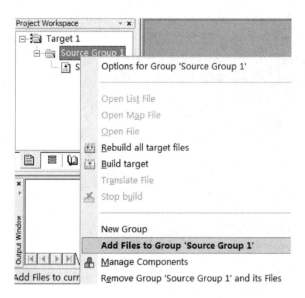

图 4 - 7　添加文件到工作组中

在"Project Workspace"下的"Files"页面会列出用户工程的文件组织结构，如图 4 - 8 所示。用户可以通过鼠标拖拉的方式来重新组织工程的源文件。双击工程工作空间的文件名，可以在编辑窗口打开相应的源文件进行编辑。

图 4-8 文件组织结构

（3）程序编写。

在程序设计页面输入以下语句或指令，其中"reg51.h"为 51 系列单片机内部资源的头文件，包含各个特殊寄存器和可寻址位的地址定义等。"//"符号后为对指令的说明。程序清单如下：

```
* * * * * * * * * * * * * * * * * * * * * * * * * * * * * * * * * * * * *
#include<reg51.h>        //包含头文件，文件内包含了 51 单片机的功能定义
sbit LED = P0^0;         //位声明，P0.0 在 Keil 应写成 P0^0，LED 接 P0.0 口，位 P0.0 可寻址
delay(unsigned int x)    //延时子函数
{
    unsigned char i, j;  //定义两个局部变量
    for(i = 0; i<x; i++)  //for 循环套嵌
    for(j = 0; j<100; j++);
}
void main(void)          //主函数
{
    While (1)
    {
        LED = 1;         // LED 点亮
        delay(100);      //延时 100 ms，时间不准，单片机执行该函数损失的时间
        LED = 0;
        delay(100);
    }
}
* * * * * * * * * * * * * * * * * * * * * * * * * * * * * * * * * * * * *
```

上述程序是利用单片机的 1 个 I/O 端口驱动一个 LED 闪烁程序，如果不了解单片机 C 语言程序，很难从中判断是否使用了单片机。若用户已掌握单片机内部的寄存器基础，这个程序实际上很简单。利用 C 语言编写单片机程序，不用考虑单片机内部数据如何运行，只要了解单片机执行程序是按照已编写的程序顺序单步执行即可。

　　单片机程序在格式上要求严谨，结构层次比较鲜明。为了增强程序的稳定性，所有函数若无返回值应采用 void 声明，若没有形参同样也需要使用 void 声明。另外，为了避免程序编写错误，算术逻辑运算、左移右移、比较等符号左右均应留有一个空格，每一条命令占用一行，在程序中"{"、"}"上下对齐，在"{"下一行命令要后退一个"Tab"键。

　　(4) 编译调试，并创建 HEX 文件。

　　① 编译工程。

　　单击 按钮，使 Keil 对程序进行编译，同时也应对程序进行保存，图 4 - 9 是编译结果显示窗口。如果程序有错误，会显示窗口提示，鼠标双击错误提示，将会看到一个箭头指向程序的错误处，便于修改。

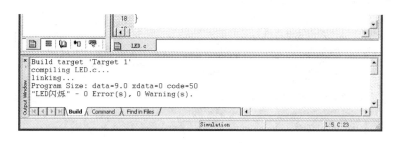

图 4 - 9　编译结果

　　② 工程配置。

　　编写的程序最终要在单片机内部运行，下载到单片机内部的程序为二进制格式，编译过程的主要目的就是让 Keil 自动创建一个 HEX 文件。程序设计解说需要根据目标硬件的实际情况对工程进行配置。通过点击目标工具栏图标 或"Project"菜单下的"Options for Target"，在弹出的"Target"页面可指定目标硬件并选择设备片内组件的相关参数，如图 4 - 10 所示。"Target"页面选项说明如表 4 - 1 所示。

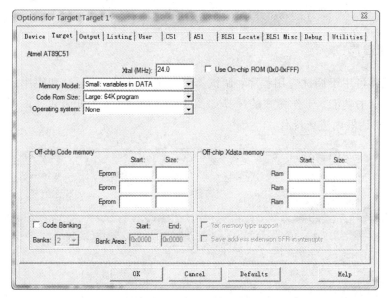

图 4 - 10　目标设置对话框

表 4 - 1 "Target"页面选项说明

选 项	描 述
Xtal	表示设备的晶振频率；大部分基于 ARM 的微控制器使用片内 PLL 作为 CPU 时钟源；依据硬件设备不同设置其相应的值
Operating system	用于选择一个实时操作系统
Use On-chip ROM	定义片内的内存部件的地址空间以供链接器/定位器使用

③创建 HEX 文件。

在"Options for Target"选项框的"Output"中选择"Create HEX File"选项，μVision3 会在编译过程中同时产生 HEX 文件，如图 4 - 11 所示。

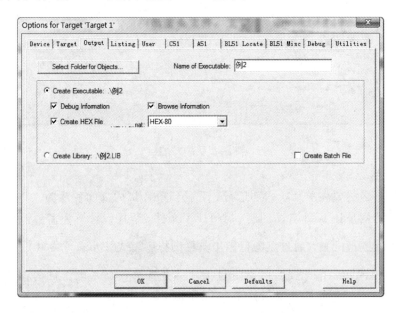

图 4 - 11　建立 HEX 文件对话框

4.1.3　调试程序

Keil 调试器可用于调试应用程序，调试器提供了可在 PC 上调试和使用评估板/硬件平台进行目标调试的功能。工作模式的选择如图 4 - 12 所示，在"Options for Target"选项框中的"Debug"对话框内进行操作。

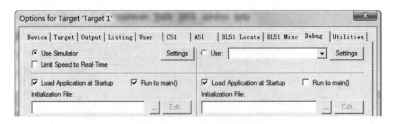

图 4 - 12　"Debug"对话框

在没有目标硬件的情况下，可以使用仿真器（Simulator）将 μVision3 调试器配置为软件仿真器。它可以仿真微控器的许多特性，还可以仿真许多外围设备包括串口、外部 I/O 端口、时钟等。所能仿真的外围设备在为目标程序选择 CPU 时就已被选定了。在目标硬件准备好之前，可用这种方式测试和调试嵌入式应用程序。

调试时可使用高级 GDI 驱动设备。μVision3 已经内置了多种仿真器，如果使用其他的仿真器则首先需要安装驱动程序，然后在列表里面选取。该列表同时也可配置与软件 Proteus 相连的接口，使两个软件联合工作。具体配置详见 Proteus 软件的介绍部分。

1. 启动调试模式

选择菜单"Debug"→" Start/Stop Debug Session"或者单击工具栏 图标，可以启动或关闭 μVision3 的调试模式，如图 4-13 所示。

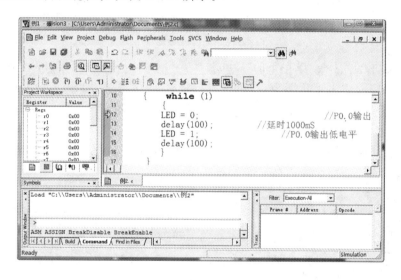

图 4-13　"Debug"工作界面

在调试过程中，若程序执行停止，μVision 3 会打开一个显示源文件的编辑窗口或显示 CPU 指令的反汇编窗口，下一条要执行的语句以黄色箭头指示。

在调试时，编辑模式下的许多特性仍然可用。如可以使用查找命令，修改程序中的错误；应用程序中的源代码也在同一个窗口中显示。

但调试模式与编辑模式有所不同：调试菜单与调试命令是可用的，其他的调试窗口、对话框、工程结构或工具参数不能被修改，所有的编译命令均不可用。

2. 程序调试

程序调试应使用"Debug"菜单下的常用命令和热键，也可使用 命令进行操作。"Debug"菜单下的命令和热键功能说明如下：

（1）Run/键盘 F5：全速运行，直到运行到断点时停止，等待调试指令。

（2）Step into/键盘 F11：单步运行程序。每执行一次，程序运行一条语句。对于一个函数，程序指针将进入到函数内部执行命令。

（3）Start Over/键盘 F10：单步跨越运行程序。与单步运行程序很相似，不同之处在于该程序可跨越当前函数，运行到函数的下一条语句。

（4）Step Out of current Function/键盘 Ctrl＋F11：跳出当前函数。程序运行到当前函数返回的下一条语句。

（5）Run to Cursor line/键盘 Ctrl＋F10：运行到当前指针。程序将会全速运行，运行到光栅所在语句时将停止。

（6）Stop Running：停止全速运行。该命令用于停止当前程序的运行。

设置断点的作用是当程序全速运行时，若需要程序在不同的地方停止运行然后进行单步调试，则可以通过设置断点来实现。断点只能在有效代码处设置，如图 4-14 所示左侧栏中的有效代码深灰色处即为断点。

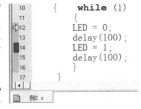

将鼠标移到有效代码处，然后双击鼠标左键就会出现一个红色标记，表示断点已成功设置。在红色标记处再次双击鼠标左键，红色标记消失，表示断点已成功删除。当程序运行到设置的断点位置即可停止运行。

图 4-14　断点的设置

此时，可以打开"View"菜单下的"Watch & Call Stack Window"窗口，可对程序中的数值进行观察，如图 4-15 所示即为对 i 的值进行观察。每单击一次"Step into"按钮，"i"的数值会增加一次。数值"Value"可以在十六进制和十进制之间选择。

同时也可以在"Project Workspace"的"regs"内看到运行时间，本例中对应的时间为 0.0326 s，如图 4-16 所示。如果要调整闪烁的时间间隔则可以调整 x 的数值，以达到调整闪烁时间的目的。

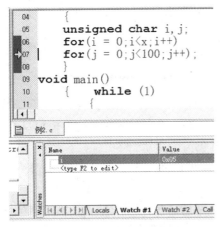

图 4-15　对数值 i 的监视

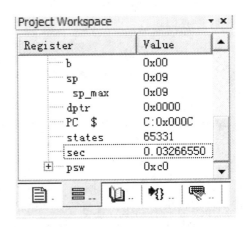

图 4-16　仿真运行时间

Keil μVision3 集成开发环境的功能相当强大，这里只是简单地介绍一些基本的使用方法，如果需要对 Keil μVision3 集成开发环境有更深入和全面的了解，可阅读该软件自带的帮助文档。

4.2　单片机的程序下载与硬件仿真

程序下载的过程是把 Keil 软件生成的 HEX 文件通过一定的方法从 PC 保存到单片机的内部 ROM 中。单片机程序设计结束后需要下载程序，需用专门的下载软件、下载接口和单片机硬件系统。

4.2.1　单片机的下载接口

要完成单片机程序的下载，首先需要准备一个单片机程序烧写器，单片机的实验板大多支持在线下载，因此在有单片机实验板的情况下，还要有一个能在 PC 中运行的下载工具或软件，由于单片机无法直接与 PC 联机，因此还需要一个接口电路。常用的单片机下载接口有并口、串口和 USB 接口 3 种下载方式，随着计算机应用普及和技术发展，近来的 PC 已经省去了并口和串口，因此单片机的下载接口多用 USB 接口。

不同厂商的单片机下载端口相差较大，如 AT89S51 采用 API 总线下载，需要通过专用接口电路与 PC 的并行口连接。STC89C51 单片机采用串口下载方式，但单片机数据电压格式与 PC 串口输出不同，仍需要专用的下载接口电路。

1. 串口下载接口

STC89C51 使用的串口下载电路由一片 MAX232 电平转换电路组成。MAX232 为单一 +5 V 电路供电，一个芯片能完成发送转换和接收转换的双重功能，如图 4 - 17 所示为 MAX232 引脚及连接图。

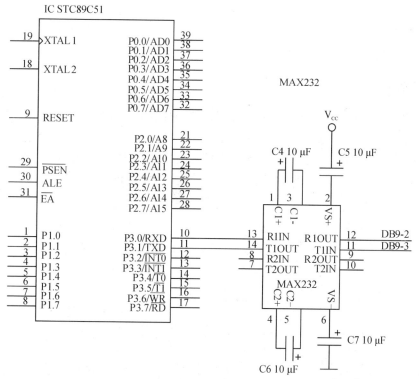

图 4 - 17　MAX232 引脚及连接图

2. USB 串行通信接口

某些芯片(如 PL2303、CH341 等)可以将 PC 的一个 USB 接口模拟成一个串口，即可实现单片机程序的 USB 接口下载。图 4 - 18 为常用的 PL2303HX 下载电路，图中的 USB 接口连接 PC，R、T 分别连接单片机的 RXD、TXD 引脚。

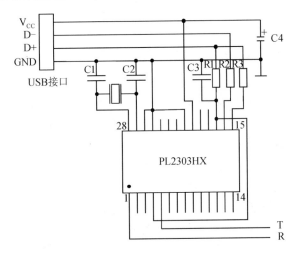

图 4 - 18　PL2303HX 连接的 USB 接口下载电路

PL2303HX 支持 USB 1.1 协议，但需要在 PC 上先安装 PL2303HX 的驱动程序。接口电路第一次接入 PC 时，PC 会弹出一个对话窗口，表明发现新硬件并安装驱动，同时会在 PC 的硬件设备管理器界面中增加一个串口，这时就可以利用专用的软件和此模拟串口下载单片机程序了。

单片机程序下载接口实际是单片机与 PC 之间的通信接口，在单片机与 PC 的通信过程中，还需要利用这些接口。

4.2.2　下载软件

运行 STC-ISP V3.9 安装目录里的"Setup"文件，按照提示进行安装。安装路径按默认位置设置。也可以使用 STC_ISP_V3.9 免安装版本，解压缩到任意目录中即可使用，这里解压缩到"C：\Program Files\STC_ISP_V3.9\"目录。在开始菜单的程序中运行"STC_ISP_V3.9"，或者到 STC_ISP_V3.9 安装目录里运行"STC-ISP V3.91.exe"，即可出现如图 4 - 19 所示的界面。

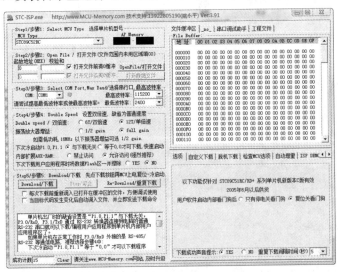

图 4 - 19　STC-ISP V3.91 界面

程序界面主要分为两个部分：左侧部分为软件的烧录部分；右侧提供了一些常用的工具以及软件设置功能。

4.2.3　下载过程

如果采用 USB 接口下载，首先应在 PC 上安装 PL2303 芯片的驱动程序。在加电情况下，接口电路与 PC 通过 USB 数据线连接时，PC 会自动识别新硬件并加载驱动，并会在 PC 硬件的端口中增加一个串口，如 COM3，可以在"我的电脑"的"属性"下的"硬件管理器"中查看。USB 下载接口实际上是通过一个串口进行数据交换的。如果已知下载接口所占用 PC 的具体串口，通过下载软件即可下载程序。

1. 下载软件设置

运行 STC-ISP，首先在界面左上方的"MCU Type"栏中选择使用的单片机型号，如 STC89C51RC。然后点击"OpenFile/打开文件"按钮，在弹出的对话框中寻找要下载的 HEX 文件。最后设置下载端口为"COM3"。

1）基本设置

在 MCU Type 中有 5 个系列单片机的型号，分别为 89C5xRC/RD＋系列、12C2052 系列、12C5410 系列、89C16RD 系列和 89LE516AD 系列，如图 4－20 所示。将左侧的"＋"符号展开后，可选择目标机器上使用的 MCU 的具体型号。"AP Memory"会显示所选用型号的内存范围。

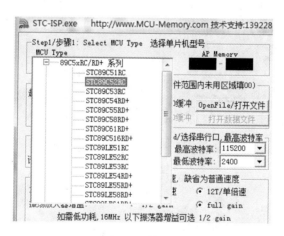

图 4－20　选择烧录单片机的型号

"COM"的下拉菜单中有 16 个 COM 口，旁边的绿色信号灯指示串口开关的情况。当端口打开时，绿灯点亮。在选择与单片机连接的 COM 口时，如果不清楚使用的串口号码，可以打开计算机的"设备管理器"查看"端口"选项，防止端口冲突。设置界面如图 4－21 所示。

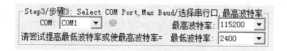

图 4－21　设置烧录端口

2) 数据波特率设置

最高波特率通过查询所连接串口的速率确定。查看的方法是：双击单片机连接的串口，打开"通信端口（COM1）属性"对话框，选择"端口设置"选项卡，如图 4-22 所示。这里最高波特率选择"9600"，最低波特率不用设置。

图 4-22　检查设备管理器内的端口传输速率

3) 倍速设置

在倍速设置窗口可以选择单倍速或者双倍速、放大器的增益等项目。"下次冷启动 P1.0，P1.1"选项下的状态框有明确的说明，此处不再赘述。一般使用默认值"与下载无关"。倍速设置窗口如图 4-23 所示。

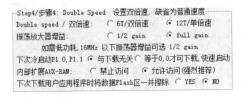

图 4-23　倍速设置

2．程序下载

STC-ISP 下载区域如图 4-24 所示，此时需要注意应先打开"下载"按钮后，再打开单片机电源，进行冷启动。一般情况下，每次需要写入的时候都应遵守先"下载"后"上电"的顺序操作。操作时信息框会反映出设备的工作情况。

图 4-24　下载信息

　　选项"当目标代码发生变化后自动调入文件，并立即发送下载命令"的含义为：对所选定的文件进行检测，当发现文件被重新生成时就开始下载，此时需要重新冷启动单片机，新的程序即可被烧录入单片机。下载设置如图 4-25 所示。

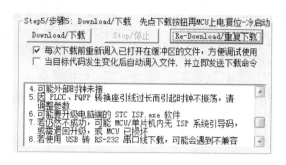

图 4-25　下载设置

STC-ISP 在主界面的右上部还提供了"文件缓冲区""串口调试助手""工程文件"等实用工具，如图 4-26 所示。

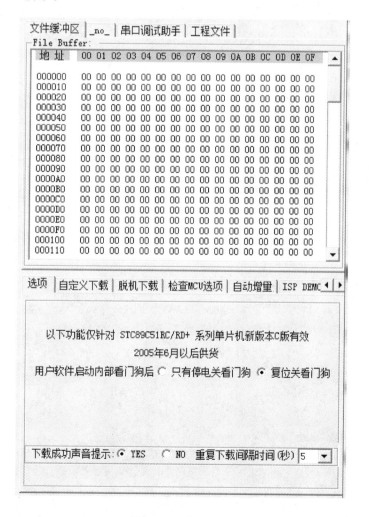

图 4-26　实用工具

思 考 与 练 习

1. 练习安装 Keil、万利软件，分别叙述两种软件的使用过程或安装步骤。

2. 在 Keil 软件中打开"reg51.H"文件，观察这个头文件包含的内容。对于单片机 P3 端口复用，除可以进行位寻址以外，第二功能具体包括哪些内容？

3. AT89S51 可以通过接口转换实现 USB 下载，试搜索相关资料，设计出下载电路。

4. 在 Keil C51 中怎样重新选择 CPU？

5. 简述 Keil C51 软件操作流程。

6. 在 Proteus 中怎样设置元件属性？

7. 在 Proteus 中怎样进行单片机程序的仿真？

第5章

单片机的内部资源及应用

单片机的内部资源主要指中断源、定时器/计数器、串行口，是衡量单片机综合性能的重要参数。MCS-51 单片机内部资源一般包括：

（1）两个 16 位定时器/计数器 C/T0 和 C/T1，每个定时器均可由用户按不同的设计要求在不同的工作方式下（方式 0、方式 1、方式 2 和方式 3）灵活地配置。

（2）5 个中断源，即外部中断 0、定时器 0 溢出中断、外部中断 1、定时器 1 溢出中断、串行中断。

（3）1 个全双工异步串行通信口 UART。

5.1　中断系统

5.1.1　中断系统的结构

单片机中断系统的结构如图 5-1 所示，分别包括 5 个中断源，并提供两个中断优先级控制，能够实现两级中断服务程序的嵌套。单片机的中断系统是通过 4 个相关的特殊功能寄存器 TCON、SCON、IE 和 IP 来进行管理的。因此用户可以通过软件实现对每个中断的开/关以及优先级的控制。

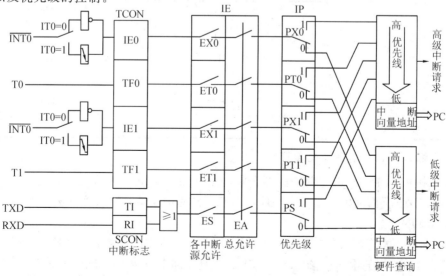

图 5-1　8051 单片机中断系统的结构

定时器控制寄存器 TCON 用于设定外部中断的中断请求信号的有效形式，保存定时/计数器 T0 和 T1 的中断请求标志位。串口控制寄存器 SCON 用于保存串行口（SIO）的发送中断标志和接收中断标志。中断控制寄存器 IE 用于设定各个中断源的开放或关闭。各个中断源的优先级可以由中断优先级寄存器 IP 中的相应位来确定，同一优先级中的各中断源同时请求中断时，由中断系统的内部查询逻辑来确定响应的顺序。

1. 中断源

单片机的 5 个中断源都有自己的标志位，包括外部中断 $\overline{INT0}$（P3.1）引脚接受的外部中断请求，外部中断 $\overline{INT1}$（P3.2）引脚接受的外部中断请求，定时器/计数器 0（T0）溢出中断请求，定时器/计数器 1（T0）溢出中断请求，串行口完成一帧数据发送或接收产生的中断请求 TI 或 RI。

其中 $\overline{INT0}$ 和 $\overline{INT1}$ 一般称为外部中断，T0、T1 和串行口（SIO 的 TI 和 RI）则称为内部中断。在有中断请求时，由相应的中断标志位保存中断请求信号，分别存放在特殊功能寄存器 TCON 和 SCON 中。增强型 51 单片机比 51 单片机多一个中断源 T2。

2. 中断优先级

单片机的中断系统具有两级优先级控制，系统在处理时遵循下列基本原则：

（1）低优先级的中断源可被高优先级的中断源中断，而高优先级中断源不能被低级的中断源所中断。

（2）一种中断源（无论是高优先级或低优先级）一旦得到响应，就不会被同级的中断源所中断。

（3）低优先级的中断源和高优先级的中断源同时产生中断请求时，系统先响应高优先级的中断请求，后响应低优先级的中断请求。

（4）多个同级的中断源同时产生中断请求时，系统按照默认的顺序予以响应，5 个中断默认优先级见表 5-1。

表 5-1　中断入口地址及优先级排列表

中断源	入口地址	中断级别
外部中断 0	0003H	
T0 溢出中断	000BH	最高
外部中断 1	0013H	↓
T1 溢出中断	001BH	最低
串行口中断	0023H	

3. 中断系统使用的多功能寄存器

要使用 8051 单片机的中断功能，必须掌握 4 个相关的特殊功能寄存器中特定位的意义及其使用方法。下面分别介绍 4 个特殊功能寄存器对中断的具体管理方法。

1）TCON

定时器控制寄存器 TCON 是定时器/计数器 T0 和 T1 的控制寄存器，也可用来锁存 T0 和 T1 溢出产生的中断请求 TF0、TF1 标志及外部中断请求源标志 IE0、IE1。TCON 的字节地址为 88H，既支持字节操作，又支持位操作。共位地址的范围是 88H～8FH，每一个位单元都可以用位操作指令直接处理。其格式如表 5-2 所示。

表 5-2　TCON 格式

TCON	D7	D6	D5	D4	D3	D2	D1	D0
位名称	TF1	TR1	TF0	TR0	IE1	IT1	IE0	IT0

IT0 为外部中断 0（$\overline{\text{INT0}}$）触发方式控制位，用于设定 $\overline{\text{INT0}}$ 中断请求信号的有效方式。如果将 IT0 设定为 1，则外部中断 0 为边沿（脉冲）触发方式，CPU 在每个机器周期的 S5P2 采集 $\overline{\text{INT0}}$ 的输入信号（即单片机的 P3.2 脚）。如果在一个机器周期中采集到高电平，在下一个机器周期中采集到低电平，则硬件自动将 IE0 置为"1"，向 CPU 请求中断；如果 IT0 为 0，则外部中断 0 为电平触发方式。此时系统如果检测到 $\overline{\text{INT0}}$ 端输入低电平，则置位 IE0。采用电平触发时，输入到 $\overline{\text{INT0}}$ 端的外部中断信号必须保持低电平，直至该中断信号被检测到为止。同时在中断返回前必须变为高电平，否则会再次产生中断。概括地说，IT0＝1 时，$\overline{\text{INT0}}$ 的中断请求信号为脉冲后沿（负脉冲）有效，即 P3.2 从 1 变为 0 时系统认为 $\overline{\text{INT0}}$ 有中断请求；IT0＝0 时，$\overline{\text{INT0}}$ 的中断请求信号为低电平有效，即 P3.2 保持为 0 时系统认为 $\overline{\text{INT0}}$ 有中断请求。

IE0 为外部中断 0 的中断请求标志位。如果 IT0 置 1，则当 P3.2 的电平由 1 变为 0 时，由硬件置位 IE0，向 CPU 申请中断。如果 CPU 响应该中断，在转向中断服务时，由硬件将 IE0 复位。

可见，IT0 可用于设定 $\overline{\text{INT0}}$ 中断请求的信号形式。设定 IT0 后，如果 $\overline{\text{INT0}}$ 产生了有效的中断请求信号（P3.2 出现脉冲后沿或低电平），则由中断系统的硬件电路自动将 IE0 置位。单片机系统在工作过程的每一个机器周期的特定时刻（即 S5P2），通过检测 $\overline{\text{INT0}}$ 的中断请求标志位 IE0 是 1 还是 0 来确定 $\overline{\text{INT0}}$ 是否有中断请求，而非通过检测 P3.2 上的中断请求信号来确定 $\overline{\text{INT0}}$ 的中断请求。IT0＝1 时表示有中断请求，IT0＝0 时则没有中断请求。$\overline{\text{INT1}}$ 的情况与其类似，不再重复说明。

IT1 为外部中断 1（$\overline{\text{INT1}}$）的触发方式控制位，其意义和 IT0 相同。

IE1 为外部中断 1 的中断请求标志位，其意义和 IE0 相同。

TF0 为定时器/计数器 T0 的溢出中断请求标志位。当 T0 开始计数后，从初值开始加 1 计数，在计满产生溢出时，由硬件置位 TF0，向 CPU 请求中断，CPU 响应中断时，硬件自动将 TF0 清零。如果采用软件查询方式，则需要由软件将 TF0 清零。因此，系统是通过检查 TF0 的状态来确定 T0 是否有中断请求。TF0＝1 表示 T0 有中断请求，TF0＝0 时则没有。

TF1 为定时器/计数器 T1 的溢出中断请求标志位，其作用同 TF0。

TR0 和 **TR1** 分别是 T0 和 T1 的控制位，与中断无关。其功能将在定时器/计数器应用内容中介绍。

2）SCON

SCON 为串行口控制寄存器，主要用于设置串行口的工作方式，同时也用于保存串行口的接收中断和发送中断标志。SCON 的字节地址是 98H，既支持字节操作，又支持位操作；其位地址的范围是 98H～9FH。SCON 的 8 位中只有最低的两位与中断有关，其格式如表 5-3 所示。

表 5-3 SCON 格式

SCON	D7	D6	D5	D4	D3	D2	D1	D0
位地址	9FH	9EH	9DH	9CH	9BH	9AH	99H	98H
位名称	SM0	SM1	SM2	REN	TB8	RB8	TI	RI

RI 为串行口的接收中断标志位。8051 单片机的串行口共有 4 种工作方式。在串行口的方式 0 中,每当接收到第 8 位数据时,由硬件置位 RI。在其他工作方式中,若 SM2=0,在接收到停止位时置位 RI;若 SM2=1,仅当接收到的第 9 位数据 RB8 为 1 时,并且在接收到停止位时置位 RI,表示串行口已经完成一帧数据的接收,向 CPU 申请中断,准备接收下一帧数据。但当 CPU 转到串行口的中断服务程序时,不复位 RI,必须由设计者在程序中用指令来清零 RI。简单地说,串行口在接收完一帧数据时自动将 RI 置位,向 CPU 申请中断。

TI 为串行口的发送中断标志位。在方式 0 中,每当发送完 8 位数据时由硬件置位。在其他方式中,发送到停止位开始时置位 TI,表示串行口已经完成一帧数据的发送,向 CPU 申请中断,准备发送下一帧数据。要发送的数据一旦写入串行口的数据缓冲器 SBUF,单片机的硬件电路就立即启动发送器进行发送。CPU 响应中断时并不清零 TI,同样要在程序中用指令来清零。

3) 中断屏蔽寄存器 IE

8051 单片机的 CPU 对中断源的开放或屏蔽(即关闭)是由片内的中断允许寄存器 IE(也称中断控制寄存器或中断屏蔽寄存器)控制的。IE 的字节地址是 A8H,既支持字节操作,又支持位操作,其位地址的范围是 A8H~AFH。8 位数据中有 6 位与中断有关,剩下的两位没有定义,其格式如表 5-4 所示。

表 5-4 IE 格式

IE	D7	D6	D5	D4	D3	D2	D1	D0
位地址	AFH	AEH	ADH	ACH	ABH	AAH	A9H	A8H
位名称	EA	—	—	ES	ET1	EX1	ET0	EX0

EA 为 CPU 的中断开放标志。EA=0 时,CPU 屏蔽所有的中断请求,此时即使有中断请求,系统也不会响应;EA=1 时,CPU 开放中断,但每个中断源的中断请求是允许或是被禁止,还需由各自的控制位确定。

ES 为串行口的中断控制位。ES=1,允许串行口中断;ES=0,禁止串行口中断。

ET1 为定时器/计数器 1 的溢出中断控制位。ET1=1,T1 中断开放;ET1=0,T1 中断关闭。

EX1 为外部中断 1 的中断控制位。EX1=1,允许外部中断 1 中断;EX1=0,禁止外部中断 1 中断。

ET0 为定时器/计数器 T0 的溢出中断控制位。ET0=1 时允许 T0 中断;ET0=0,禁止 T0 中断。

EX0 为外部中断 0 的中断控制位。EX0=1,允许外部中断 0 中断;EX0=0,禁止外部 0 中断。

可见,EA=0 时,所有的中断都被屏蔽,此时 IE 低 5 位的状态没有任何作用。EA=1

时，可以通过对 IE 低 5 位的设置来开放或关闭相应的中断，在图 5 - 1 中可以很直观地看出。单片机复位后，IE 寄存器被清 0，所有的中断都被屏蔽。IE 寄存器中各个位的状态支持位寻址，用户可根据要求用指令 SETB 置位或 CLR 清 0，从而实现相应的中断源允许中断或禁止中断，当然也可以采用字节操作来实现。

例如，若要求开放外部中断，关闭内部中断，则可以用两条置位指令将 EA、EX0 和 EX1 置位，ES、ET1 和 ET0 保持为系统复位后的默认值 0。如果使用字节操作方式，一条 MOV 指令即可实现，具体指令为"MOV IE，♯1xx00101B"。其中的两个 x 对应的是无关位，可以任意为 1 或 0。

4）中断优先级控制寄存器

8051 单片机的中断系统有两个中断优先级。每一个中断请求源都可编程为高优先级中断或低优先级中断，实现两级中断嵌套。中断优先级是由片内的中断优先级寄存器 IP 控制的。IP 的字节地址是 B8H，既支持字节操作，又支持位操作。位地址的范围是 B8H～BFH。8 位中有 5 位与中断有关，剩余 3 位没有定义。其格式如表 5 - 5 所示。

表 5 - 5　IP 格式

IP	D7	D6	D5	D4	D3	D2	D1	D0
位地址	BFH	BEH	BDH	BCH	BBH	BAH	B9H	B8H
位名称	—	—	—	PS	PT1	PX1	PT0	PX0

PS 为串行口的中断优先级控制位。PS=1 时，串行口被定义为高优先级中断源；PS=0 时，串行口被定义为低优先级中断源。

PT1 为定时器/计数器 T1 的中断优先级控制位。PT1=1，T1 被定义为高优先级中断源；PT1=0，T1 被定义为低优先级中断源。

PX1 为外部中断 1（$\overline{INT1}$）的优先级控制位。PX1=1，外部中断 1 被定义为高优先级中断源；PX1=0，外部中断 1 被定义为低优先级中断源。

PT0 为定时器/计数器 T0 的中断优先级控制位。其功能同 PT1。

PX0 为外部中断 0（$\overline{INT0}$）的优先级控制位。其功能同 PX1。

中断优先级控制寄存器 IP 的各位都由用户置位或复位，可用位操作指令或字节操作指令更新 IP 的内容，以改变各中断源的中断优先级。单片机复位后 IP 全为 0，各个中断源均为低优先级中断。

5.1.2　中断响应过程

单片机的中断处理过程可分为中断响应、中断处理和中断返回 3 个阶段。下面介绍 8051 单片机的中断处理过程。

1. 中断的响应条件

在每个机器周期的 S5P2 时刻，单片机依次采集每一个中断标志位，而在下一个机器周期对采集到的中断进行查询。如果在前一个机器周期的 S5P2 有中断标志，则在查询周期内即可查询到中断请求的状态并按优先级高低进行中断处理，控制程序转入相应的中断服务程序。

CPU 响应中断应具备的条件是：首先由中断源发出中断请求，然后 CPU 中断允许位

EA 为"1"，即 CPU 开中断，并申请中断的中断源，其相应的中断允许位为"1"，即允许相应的中断源中断。条件满足时，一般 CPU 就会响应中断请求。

但若存在以下几种情况，CPU 的中断响应会被屏蔽，使本次的中断请求得不到响应。例如，CPU 正在处理同级的或更高优先级的中断，或者现行的机器周期不是所执行指令的最后一个机器周期，即正在执行的指令没有执行完以前，CPU 不响应任何中断；或者当前正在执行的指令是返回指令(RETI)或是对 IE 或 IP 寄存器进行读/写的指令，CPU 同样不会响应任何中断。CPU 在执行完这些指令后，至少还要再执行一条其他指令才会响应中断。

在硬件的控制下，CPU 响应中断时，会根据中断源的类别，将程序转向相应的中断服务程序入口单元，执行中断服务程序。

2. 中断的响应过程

51 单片机的中断系统分为两个中断优先级。每一中断请求源均可通过 IP 寄存器编程为高优先级中断或低优先级中断，并可实现多级中断嵌套。一个正在执行的低优先级中断服务程序能被高优先级的中断请求所中断，但不能被另一个同级或低级的中断源所中断。因此，如果 CPU 正在执行高优先级的中断服务程序，则不能被任何中断源所中断，必须等待当前的中断服务程序执行结束，遇到返回指令(RETI)返回主程序，并且至少再执行一条指令后才能响应新的中断请求。为了实现上述功能，51 单片机的中断系统中设置有两个不可寻址的优先级状态触发器。一个触发器用于指出某高优先级的中断正在得到服务，所有后来的中断请求被阻断；另一个触发器用于指出某低优先级的中断正在得到服务，所有同级的中断请求都被阻断，但不能阻断高优先级的中断请求。

如果 8051 单片机满足中断响应的条件，并且不存在中断被屏蔽的情况，CPU 就会响应相应的中断请求。在实际的响应过程中，CPU 首先置位被响应中断的优先级状态触发器，以屏蔽(即关闭)同级和低级的中断请求。然后，根据中断源的类别，在硬件的控制下，内部自动执行一条子程序调用指令，将程序转移至相应的入口处，开始执行中断服务程序。在转入中断服务程序时，子程序调用指令会自动把断点地址(即程序计数器 PC 的当前值)压入堆栈，但不会自动保存状态寄存器 PSW 等寄存器中的内容。

当中断的各项条件满足要求时，CPU 响应中断，停止现行程序，转向中断服务程序。整个响应过程中 CPU 应完成的工作包括：

(1) 关中断。CPU 响应中断时便向外设发出中断响应信号，同时自动关中断，保证处理一个中断的过程中不会接收另一个新的中断，以防止误响应。

(2) 保护断点。为了保证 CPU 在执行完中断服务程序后，准确地返回断点，CPU 会将断点处的 PC 值推入堆栈保护。待中断服务程序执行完后，由返回指令 RETI 将其从堆栈中弹回 PC，从而实现程序的返回。

(3) 执行中断服务程序。CPU 会找出中断服务程序入口地址，并转入执行中断服务程序。

在中断服务程序中 CPU 一般应完成如下任务：

(1) 保护现场。由于 CPU 响应中断是随机的，而 CPU 中各寄存器的内容和状态标志会因转至中断服务程序而受到破坏，所以要在中断服务程序的开始，对断点处有关的各个寄存器的内容和状态进行标记，用堆栈操作指令 PUSH 推入堆栈保护。

（2）中断服务。中断源申请中断时应完成中断服务任务。

（3）恢复现场。在中断服务程序完成后，对保护在堆栈中的各寄存器的内容和状态进行标记，用 POP 指令弹回 CPU。

（4）开中断。CPU 在响应中断时会自动关中断，为了使 CPU 能响应新的中断请求，在中断服务程序末尾应设置开中断指令。

（5）返回主程序。当中断服务程序执行完毕返回主程序时，必须将断点地址弹回 PC，因此在中断服务程序的最后应采用一条 RETI 指令，使 PC 能返回断点。

因系统保留的各中断入口地址间的空间太小，所以，通常在中断入口地址处设置一条相应的跳转指令，用于跳转至用户设计的中断服务程序入口。

3. 中断处理

CPU 响应中断请求后，将会转到中断服务程序的入口，执行中断服务程序。从中断服务程序的第一条指令开始到中断返回指令为止，这个过程称为中断处理或中断服务。不同的中断源所需服务的要求及内容各不相同，其处理过程也有所区别，但在一般情况下，中断处理应包括保护现场、服务中断源两部分内容。

现场通常有程序状态字 PSW、工作寄存器、累加器或其他的特殊功能寄存器等。如果在中断服务程序中要使用这些寄存器，则应在进入中断服务之前用进栈指令将其内容压入堆栈中保护，称为保护现场。同样，在完成中断服务且中断程序返回之前（执行返回指令 RETI 之前），应采用出栈指令恢复现场。

中断服务是根据中断源的具体要求所编写的运行和处理中断服务程序。用户在编写中断服务程序时，一般应注意以下几个方面：

（1）8051 单片机为各中断源所保留的中断入口地址只相隔 8 个单元，如此小的空间通常无法容纳中断服务程序，因而常常在中断入口地址单元处设置一条无条件转移指令，使中断服务能转至中断服务程序所存放的存储器的任何位置。

（2）在运行当前的中断服务程序时，如果想禁止更高优先级的中断源请求中断，可以用指令复位 IE 中的相关控制位来屏蔽更高优先级中断源的中断请求。在中断服务程序执行完毕返回之前，再用指令开放中断。

（3）在中断服务程序中保护、恢复现场时，为避免现场信息受到破坏或造成混乱，一般情况下，应先关闭 CPU 的中断，使 CPU 暂不响应新的中断请求，以避免保护或恢复现场的过程受到干扰。这就要求在编写中断服务程序时，应注意在保护现场之前要关中断。在保护现场之后，若允许高优先级的中断源申请中断，则应开中断。同样，在恢复现场之前应关中断，恢复之后再开中断。

4. 中断返回

中断服务程序的最后一条指令是中断返回指令 RETI。它的功能是将断点地址从堆栈中弹出，送回程序计数器 PC 中，使程序能返回到原来被中断的地方继续执行。

8051 单片机的 RETI 指令除可弹出断点之外，还可用于通知中断系统已完成中断处理，并将优先级状态触发器清除（复位），使系统能响应新的中断请求。

5. 中断请求的撤销

CPU 完成中断请求处理后，在中断返回之前，应将该中断请求撤销，否则会引起第二次响应中断。在 51 单片机中，各个中断源撤销中断请求的方法各不相同。

（1）定时/计数器的溢出中断。CPU 响应其中断请求后，由硬件自动清除相应的中断请求标志位，使中断请求自动撤销，因此不用采取其他措施。

（2）外部中断请求。中断请求的撤销与触发方式控制位的设置有关。采用边沿触发的外部中断，CPU 在响应中断后，由硬件自动清除相应的标志位，使中断请求自动撤销；采用电平触发的外部中断源，应采用电路和程序相结合的方式撤销外部中断源的中断请求信号。

（3）串行口的中断请求。由于 RI 和 TI 都会引起串口的中断，CPU 响应后，无法自动区分 RI 和 TI 引起的中断，硬件不能清除标志位，应采用软件方法在中断服务程序中清除相应的标志位，以撤销中断请求。

当某一中断得到响应时，由硬件调用对应的中断服务程序，并把程序计数器 PC 的值压入堆栈，同时会将被响应的中断服务程序的入口地址（中断服务程序的起始地址）装入PC 中。因为采用硬件调用，每一个中断源的中断入口地址都是固定的，同时每个中断服务程序必须放在对应的中断入口地址单元。

在中断服务结束后，单片机会将响应中断时所置位的优先级激活触发器清 0，然后将从堆栈中弹出的断点地址发送给 PC，使 CPU 返回到原来被中断的程序。

6. 中断响应时间

CPU 在对中断请求进行响应时，不同的情况下所需的响应时间也不一样。现以外部中断为例，说明中断响应的时间。

在每个机器周期的 S5P2 时，外部中断 $\overline{\text{INT0}}$ 和 $\overline{\text{INT1}}$ 的电平被采集并锁存到 IE0 和 IE1中，这个置入到 IE0 和 IE1 的状态在下一个机器周期才会被查询。如果产生了一个中断请求，而且满足响应的条件，CPU 响应中断，由硬件生成长调用指令转到相应的中断服务程序入口，这条指令是双机器周期指令。因此，从中断请求有效到执行中断服务程序的第一条指令的时间间隔至少需要 3 个完整的机器周期。

如果中断请求被上述的 3 个条件之一所屏蔽，将需要更长的响应时间。

（1）如果 CPU 已经在处理同优先级或高优先级的中断，则额外的等待时间明显地取决于正在处理的中断服务程序的执行时间。

（2）如果 CPU 正在执行的指令还没有到达最后的机器周期，则所需的额外等待时间不会多于 3 个机器周期，因为最长的指令（乘法指令和除法指令）也只有 4 个机器周期。

（3）如果正在执行的指令为 RETI 或是对 IE、IP 的读/写指令，则额外的等待时间不会多于 5 个机器周期。

因此，如果应用系统中只设定一个中断源，并且中断是开放的，则中断响应时间将是3～8个机器周期。

5.2　单片机内部定时器应用

定时器/计数器是单片机的一个重要部件，本节主要介绍单片机内部定时器/计数器的基本工作原理和相应的控制寄存器，并以秒记数和动态显示为例，学习 T0 的初始化以及中断的设置与应用技巧。本节任务是利用单片机内部定时器/计数器的中断产生时间信号，并通过 4 个数码管的动态显示秒记数。

5.2.1　单片机的定时器/计数器结构

单片机内部含有两个定时器/计数器，分别是 T0 和 T1。在增强型 51 系列单片机中(如 STC89C51RC)，其内部除包括 T0 和 T1 外，还包含 T2 定时器/计数器。定时器/计数器主要用于精确定时，对外部脉冲进行计数，同时还可用作串行通信的波特发生器。定时器/计数器的不同功能是通过对相关特殊功能寄存器的设置和程序设计来实现的。

1. 定时器/计数器组成

单片机的两个定时器/计数器部件主要由 T0、T1、工作方式控制寄存器 TMOD、定时器/计数器的控制寄存器 TCON 组成。

1) T0 与 T1

T0 由两个 8 位寄存器 TH0、TL0 组成，其中 TH0 是 T0 的高 8 位，TL0 是 T0 的低 8 位。T1 的结构与 T0 一样，其组成的两个 8 位寄存器分别为 TH1、TL1。T0 与 T1 都是二进制加 1 计数器，即每一个脉冲到达时都能使计数器的当前值加 1，可以实现最大 16 位二进制加计数。脉冲来源主要有两种，一种是利用外部在单片机 P3.4、P3.5 端口输入脉冲信号，另一种是由单片机晶体振荡频率的 12 分频产生的。

2) TMOD

TMOD 为定时器/计数器的工作方式控制寄存器，共 8 位，分为高 4 位和低 4 位两组，其中高 4 位控制 T1，低 4 位控制 T0，分别用于设定 T1 和 T0 的工作方式。TMOD 不支持位操作，其格式如表 5-6 所示。

表 5-6　TMOD 格式

位　序	D7	D6	D5	D4	D3	D2	D1	D0
位符号	GATE	C/$\overline{\text{T}}$	M1	M0	GATE	C/$\overline{\text{T}}$	M1	M0
	控制 T1				控制 T0			

GATE 为门控位，用于控制定时器的启动操作方式，即确定定时器的启动是否受外部脉冲控制。当 GATE＝1 时，计数器的启/停 TRx(x 为 0 或 1，下同)和外部引脚 $\overline{\text{INTx}}$ 外部中断的双重控制，只有两者都为 1 时，定时器才能开始工作。$\overline{\text{INT0}}$ 控制 T0 运行，$\overline{\text{INT1}}$ 控制 T1 运行。当 GATE＝0 时，计数器的启/停只受 TRx 控制，不受外部中断输入信号的控制。

C/$\overline{\text{T}}$ 为定时器/计数器的工作模式选择位。C/$\overline{\text{T}}$＝1 时，为计数器模式；C/$\overline{\text{T}}$＝0 时，为定时器模式。

M1、M0 为定时器/计数器 T0 和 T1 的工作方式控制位，M1、M0 控制定时器/计数器的工作方式如表 5-7 所示。

表 5-7　定时器/计数器工作方式控制

M1　M0	工作方式	功　　能
0　　0	方式 0	13 位计数，由 THx 的 8 位和 TLx 的低 5 位组成
0　　1	方式 1	16 位计数，由 THi 的 8 位和 TLx 的 8 位组成
1　　0	方式 2	利用 TLx 的 8 位计数，当 TLx 计数溢出时，自动重装 THi 的数据，TLx 在此基础上继续计数
1　　1	方式 3	两个 8 位计数器，仅适用 T0，T1 停止计数

3）TCON

TCON 是定时器/计数器控制寄存器，也是 8 位寄存器，其中高 4 位用于定时器/计数器；低 4 位用于单片机的外部中断，低 4 位会在外部中断的相关内容中介绍。TCON 支持位操作，其格式如表 5-8 所示。

表 5-8　TCON 格式

TCON	D7	D6	D5	D4	D3	D2	D1	D0
位名称	TF1	TR1	TF0	TR0	IE1	IT1	IE0	IT0

TR1 为定时器 T1 的启/停控制位。TR1 由指令置位和复位，以启动或停止定时器/计数器开始定时或计数。

除此以外，定时器的启动与 TMOD 中的门控位 GATE 也有关系。当门控位 GATE＝0时，TR1＝1 即启动计数；当 GATE＝1 时，TR1＝1 且外部中断引脚 $\overline{INT1}$＝1 时才能启动定时器开始计数。

TF1 为定时器 T1 的溢出中断标志位，在 T1 计数溢出时，由硬件自动置 1，向 CPU 请求中断。CPU 响应时，由硬件自动将 TF1 清 0。TF1 的状态可用程序查询，但在查询方式中，由于 T1 不产生中断，TF1 置 1 后需要在程序中用指令将其清 0。

TR0 为 T0 的计数启/停控制位，功能同 TR1。当 GATE＝1 时，T0 受 TR0 和外部中断引脚 $\overline{INT0}$ 的双重控制。

TF0 为 T0 的溢出中断标志位，功能同 TF1。

5.2.2　定时器的工作方式

51 单片机的定时器/计数器 T0、T1 具有 4 种工作方式，分别由多功能寄存器 TMOD 和 TCON 控制，下面分别介绍这 4 种工作方式的工作原理。

1. 方式 0

当 M1、M0 为 00 时，定时器/计数器 T0、T1 设置为方式 0。方式 0 为 13 位的定时/计数，由 TLx 的低 5 位和 THx 的高 8 位构成。在计数的过程中，TLx 的低 5 位溢出时向 THx 进位，THx 溢出时置位对应的中断标志位 TFx，并向 CPU 申请中断。在方式 0 情况下，T0、T1 工作与其相同，下面以 T0 为例说明工作方式 0 的具体控制，其逻辑框图如图 5-2 所示。

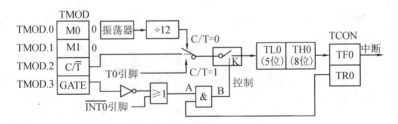

图 5-2　定时器在方式 0 时的逻辑结构

当 C/$\overline{T}$＝0 时，电子开关接上方，Tx 的输入脉冲信号由晶体振荡器的 12 分频得到，即每一个机器周期使 T0 的数值加 1，这时 T0 用作定时器。

当 C/$\overline{T}$ =1 时,电子开关接下方,计数脉冲是来自 T0 的外部脉冲输入端单片机 P3.4 的输入信号,P3.4 引脚上每出现一个脉冲,都使 T0 的数值加 1,这时 T0 用作计数器。

当 GATE=0 时,A 点为"1",B 点电位取决于 TR0 的状态。TR0 为"1"时,B 点为高电平,电子开关闭合,计数脉冲输入到 T0,允许计数。TR0 为"0"时,B 点为低电平,电子开关断开,禁止 T0 计数。即 GATE=0 时,T0 或 T1 的启动与停止仅受 TR0 或 TR1 控制。

当 GATE=1 时,A 点受 $\overline{INT0}$ (P3.4)和 TR0 的双重控制。只有 $\overline{INT0}$ =1,且 TR0 为"1"时,B 点才是高电平,使电子开关闭合,允许 T0 计数。即 GATE=1 时,必须满足 $\overline{INT0}$ 和 TR0 同时为 1 的条件,T0 才能开始定时或计数。

在方式 0 中,计数脉冲会加到 13 位的低 5 位 TL0 上。当 TL0 加 1 计数溢出时,向 TH0 进位,当 13 位计数器计满溢出时,溢出中断标志 TF0=1,向 CPU 请求中断,表示定时器计数已溢出,CPU 进入中断服务程序入口时,由内部硬件清零 TF0。

2. 方式 1

当 M1、M0 为 01 时,定时器/计数器在方式 1 下工作。与方式 0 相似,方式 1 的不同之处在于其计数器为 16 位,由高 8 位 THx 和低 8 位 TLx 构成。定时器 T0 在方式 1 时工作的逻辑框图如图 5-3 所示。方式 1 的具体工作过程和工作控制方式与方式 0 类似,这里不再重复说明。

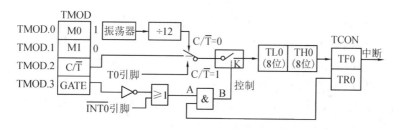

图 5-3　定时器在方式 1 时工作的逻辑结构

3. 方式 2

当 M1、M0 为 10 时,定时器/计数器在方式 2 下工作。方式 2 为 8 位定时器/计数器工作状态。TLx 计满溢出后,会自动预置或重新装入 THx 寄存的数据。TLi 为 8 位计数器,THi 为常数缓冲器。当 TLi 计满溢出时,使溢出标志 TFi 置 1。同时将 THi 中的 8 位数据常数自动重新装入 TLi 中,使 TLi 从初值开始重新计数。定时器 T0 在方式 2 下工作的逻辑框图如图 5-4 所示。

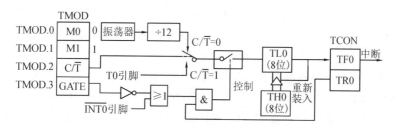

图 5-4　定时器在方式 2 时的逻辑结构

这种工作方式可以省去软件重装常数的程序,简化定时常数的计算方法,实现相对比较精确的定时控制。方式 2 常用于定时控制。例如，若需得到 1 s 的延时，当采用 12 MHz 的振荡器时，计数脉冲周期即机器周期为 1 μs，如果设定 TL0＝06H，TH0＝06H，C/T＝0，TLi 计满刚好需要 200 μs，中断 5000 次就能实现。另外，方式 2 还可用作串行口的波特率发生器。

4. 方式 3

当 M1、M0 为 11 时，定时器/计数器在方式 3 下工作。方式 3 只适用于 T0。当 T0 在方式 3 下工作时，TH0 和 TL0 分为两个独立的 8 位定时器，可使 51 系列单片机具有 3 个定时器/计数器。定时器 T0 在方式 3 时工作的逻辑图如图 5-5 所示。

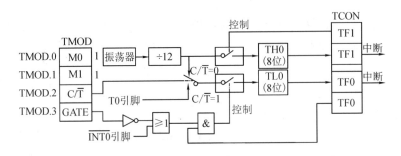

图 5-5　定时器在方式 3 时的逻辑结构

此时，TL0 可以作为定时器/计数器使用。当使用 T0 本身的状态控制位 C/T、GATE、TR0、$\overline{INT0}$ 和 TF0 时，其操作与方式 0 和方式 1 类似。但 TH0 只能用作 8 位定时器，不能用作计数器方式，TH0 的控制占用 T1 的中断资源。在这种情况下，T1 可以设置为方式 0～2。此时定时器 T1 只有两个控制条件，即 C/T 及 M1、M0，只要设置适当的初值，T1 就能自动启动和记数。当 M1、M0 定义为 11 时，停止工作。通常，当 T1 用作串行口波特率发生器或用于不需要中断控制的场合时，T0 才定义为方式 3，其目的是让单片机内部多出一个 8 位的计数器。

5.2.3　利用 T0 中断实现显示时间控制

1. 利用一个数码管显示秒记数

此处介绍一个简单的例子，即使用单片机驱动一个数码管显示秒计数，以此说明 T0 中断的应用技巧。晶体振荡频率为 12 MHz，为了实现单片机驱动一个数码管的秒计数，程序中把 T0(timer0) 作为定时器并在方式 1 下工作，并利用定时器 T0 中断。由于 T0 的工作方式 1 为 16 位计数器，T0 计数最大值为 65536，如果计满 5000 个机器周期脉冲（即 5 ms）就让 T0 溢出并产生中断，则 T0 初装值应为 65536－5000＝60536，十六进制为 EC78。为了获得 1 s 时间，T0 中断需要发生 200 次。由于 T0 在方式 1 下工作，不能自动重置数据，在中断发生后，中断服务程序还要向 T0 寄存器再装入数值 60536。

应用 T0 中断首先要初始化，初始化过程首先要设置 T0 的工作方式控制寄存器 TMOD，然后设置 T0 的控制寄存器 TCON，最后设置中断有关的寄存器 IE 和 IP。T0 初始化过程流程图如图 5-6 所示。

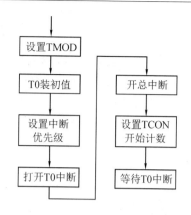

图 5-6 程序流程图

2. 程序设计

程序包含主函数、定时器 T0 初始化函数、T0 中断服务函数。显示语句放在中断服务函数内，程序清单如下：

```c
/* * * * * * * * * * * * * * * * * * * * * * * * * * * * * * * * * * * * * * */
#include<reg51.h>
code unsigned char seven_seg[10] = {0xc0,0xf9,0xa4,0xb0,0x99,0x92,0x82,0xf8,0x80,0x90};
unsigned char cp, i;              //声明全局变量
voidtimer0_isr(void)   interrupt 1   // timer0 中断服务函数
{
    TR0=0；              //停止计数
    TL0=0x78；          // TL0 重新预置
    TH0=0xec；          // TH0 重新预置
    TR0=0；              //开始计数
    cp++；              // timer0 中断 1 次，变量 cp 加 1
    if(cp==200)         //中断 200 次，时间刚好为 1 s
    {cp=0; i ++; }
    if(i==10) i=0；
    P0=seven_seg[i]     // P0 输出显示数据
}
void timer0_initialize(void)        // timer0 中断初始化函数
{
    TMOD=0x01；          //设置计时器模式控制寄存器，time0 在定时方式 1 下工作
    TL0=0x78；
    TH0=0xec；          // timer0 的 16 位计数器初始值为 0xee11，12 MHz 晶体振
                        //频率，单片机的机器周期为 1 μs，timer0 每 1 μs 加 1
                        //计数，加满溢出产生中断，从计数到中断刚好为 5 μs
    PT0 = 1；            //设置中断优先次序寄存器 IP 中的 PT0 位，timer0 中断优先
    ET0 = 1；            //设置中断允许寄存器 IE 中 ET0 的位，开启中断小开关
    EA =1；              //打开中断总开关
    TR0 =1；            //开始计数
}
```

```
void main (void)
{
    timer0_initialize()          // timer0 初始化，为中断做好准备
    P2=0；                        //采用共阳型数码管，共阳极与P2.0之间有反向器，需设置P2.0=0
    while (1)；                   //等待中断
}
```
/＊＊/

3. 程序说明

中断服务函数名中的"interrupt"为关键字，"1"为 timer0 中断号。在"reg51.h"头文件中已经定义，表 5-9 为单片机常用中断的中断号。在使用中断服务函数时，直接在名称后加"interrupt"和中断号即可。

表 5-9　reg51.h 中单片机常用中断号定义

中断源	中断触发原因	中断号
$\overline{INT0}$	外部$\overline{INT0}$引脚有低电平或下降沿信号输入	0
timer0	timer0 计数溢出	1
$\overline{INT1}$	外部$\overline{INT0}$引脚有低电平或下降沿信号输入	2
timer1	timer1 计数溢出	3
串行中断	串口缓存 SBUF 写入数据或读出数据	4

当程序中只涉及一个中断时，可以不设置中断的优先级，因此在本例中语句"PT0=1"可以省略。程序中有多个中断但没有进行优先级设定的情况下，单片机中断优先级默认按终端号递增而依次降低。

如果单片机的振荡频率为 f，振荡周期为 t＝1/f，则机器周期为 T＝12/f。如 f＝12 MHz，则 T＝1 μs。利用定时器/计数器定时中断时，在程序中首先设置工作模式，并计算其初装值，常利用计算机中的计算器工具辅助计算。timer0 在模式 1 下工作时，最大65535 μs 中断 1 次；若在模式 2 下工作，最大 256 μs 可以中断 1 次。具体程序如下：

/＊＊＊＊＊＊＊＊＊＊＊＊＊＊＊＊＊＊＊＊＊＊＊＊＊＊＊＊＊＊＊＊＊/

```
#defined TEMOR0_COUNT 0xec78
TL0 =TEMOR0_COUNT & 0x00ff；//取 TEMOR0_COUNT 的低字节并装入 TL0
TH0 =TEMOR0_COUNT ≫ 8；   //TEMOR0_COUNT 左移 8 位，并将低字节装入 TEMOR0_COUNT
```
/＊＊＊＊＊＊＊＊＊＊＊＊＊＊＊＊＊＊＊＊＊＊＊＊＊＊＊＊＊＊＊＊＊/

或

/＊＊＊＊＊＊＊＊＊＊＊＊＊＊＊＊＊＊＊＊＊＊＊＊＊＊＊＊＊＊＊＊/

```
TL0 = (65536－5000)％ 256；     //取低 8 位
TH0 = (65536－5000)/ 256；     //取高 8 位
```

/＊＊＊＊＊＊＊＊＊＊＊＊＊＊＊＊＊＊＊＊＊＊＊＊＊＊＊＊＊＊＊/

从上述程序可以看出，数码管显示语句放在了 timer0 中断服务函数里，由于 5 ms 中断1 次，因此数码管显示的数据每 5 ms 会更新 1 次。则在 1 s 内会更新 200 次，更新过程是把原来的数据覆盖，但显示数据 1 s 内只变化 1 次。

5.3　单片机串行通信

　　51 单片机的 P3.1、P3.2 引脚是一个进行串行发送和接收的全双工串行通信口接口，根据单片机串口的工作方式，接口可以用作 UART（Universal Asynchronous Receiver/Transmitter）通用异步接收和发送器，也可以用作驱动同步移位寄存器。应用串行口可以实现单片机系统之间点对点的串行通信和多机通信，也可以实现单片机与 PC 的通信。本节主要讨论 51 单片机串行口的结构、工作原理、应用和扩展等内容，并熟悉单片机多级通信、单片机与 PC 通信的相关应用。

5.3.1　串行通信原理

1. 并行和串行通信

　　常用的通信方式分为串行和并行两种。并行通信是指数据的各位同时进行传送（发送或接收）的通信方式。其优点是数据的传送速度快；缺点是传输线多，数据的位数与传输线相当。并行通信一般适用于高速短距离的应用场合，典型的应用是计算机和打印机之间的连接。

　　串行通信是指数据逐位按顺序传送的通信方式，其突出特点是只需少量传输线就可以在系统间交换信息，大大降低了传送成本，尤其适用于远距离通信，但串行通信的速度相对比较低。串行通信的传送方向有单工、半双工和全双工 3 种。单工方式下只允许数据向一个方向传送，只能发送，或只能接收。半双工方式下允许数据往两个相反的方向传送，但不能同时传送，只能交替进行，为了避免双方同时发送，需另加联络线或制定软件协议。全双工是指数据可以同时进行双向的传送，需要两个独立的数据线分别传送两个相反方向的数据。

　　串行通信中必须规定一种双方都认可的同步方式，以便接收端正确完成接收。串行通信有同步和异步两种基本方式。

2. 串行异步通信

　　在串行异步通信中，数据按帧传送，用一位起始位（"0"电平）表示一个字符的开始，接着是数据位，低位在前、高位在后，用停止位（"1"电平）表示字符的结束。有时在信息位和停止位之间可以插入一位奇偶校验位，这样可以构成一个数据帧。因此，在异步串行通信中，收发的每一个字符数据是由 4 个部分按顺序组成的，如图 5-7 所示。若通信双方时钟略有微小的误差，两个信息字符之间的停止间隔将为这种误差提供缓冲，因此异步通信方式的优点是允许收发两端有较小的时钟偏移。

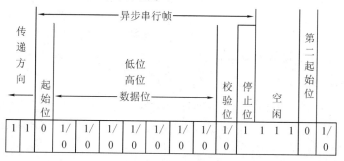

图 5-7　异步通信的数据帧格式

起始位：标志着一个新数据帧的开始。当发送设备需要发送数据时，首先发送一个低电平信号，起始位通过通信线传向接收设备，接收设备检测到这个逻辑低电平后就开始准备接收数据信号。

数据位：起始位之后就是5、6、7或8位数据位，IBM PC中经常采用7位或8位数据传送。当数据位为1时，收发线为高电平，反之为低电平。

奇偶校验位：用于检查在传送过程中是否发生错误。奇偶校验位可有可无，可奇可偶。若选择奇校验，则各位数据位加上校验位的和为"1"的位为奇数；若选择偶校验，其和将是偶数。

停止位：停止位是高电平，表示一个数据帧传送的结束。停止位可以是一位、一位半或两位。

在异步数据传送中，通信双方必须规定数据格式，即数据的编码形式。例如，起始位占1位，数据位为7位，再加上1个奇偶校验位及停止位，于是一个数据帧就由10位构成。也可以采用数据位为8位、无奇偶校验位等格式。

3. 串行通信的波特率

波特率是指数据的传输速率，表示每秒钟传送的二进制代码的位数，单位是位/秒（bit per second，b/s）。假如数据传送的格式是7位，加上校验位、1个起始位以及1个停止位，共10个数据位，而数据传送的速率是960字符/秒，则传送的波特率为

$$10 \times 960 = 9600 \text{ b/s}$$

波特率的倒数为每一位的传送时间，即

$$T = \frac{1}{9600} \approx 0.104 \text{ ms}$$

由上述的异步通信原理可知，相互通信的A、B站点都必须具有相同的波特率，否则就无法实现通信。波特率是衡量传输通道频宽的指标，它和传送数据的速率并不一致。异步通信的波特率一般为50～19200 b/s。

数据通信规程也称为数据通信协议，是通信双方为了有效地交换信息而建立起来的一些规约，在规程中对数据的编码同步方式、传输速度、传输控制步骤、校验方式、报文方式等给予统一的规定。

5.3.2　单片机的串行接口

51单片机片内有一个可编程的全双工串行口，串行发送时数据由单片机的TXD（即P3.1）引脚送出，接收时数据由RXD（即P3.0）引脚输入。单片机内部有两个物理上独立的缓冲器SBUF，一个为发送缓冲器，另一个为接收缓冲器，二者共用一个SFR地址99H。发送缓冲器只能写入，不能读出；接收缓冲器只能读出，不能写入。SBUF的帧格式可为8位、10位或11位，并能设置各种波特率，给实际使用带来很大的灵活性。

1. 串行口的结构

单片机的串行口是可编程接口，其初始化编程只需将两个控制字分别写入特殊功能寄存器SCON（98H）和电源控制寄存器PCON（87H）中即可。8051单片机串行口的结构如图5-8所示。

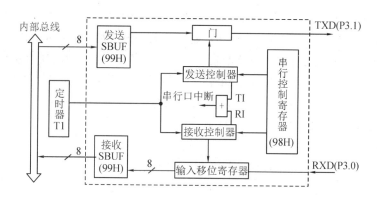

图 5 - 8　单片机串行口结构

单片机的串行口主要由两个数据缓冲器 SBUF、一个输入移位寄存器、一个串行控制寄存器 SCON 和一个波特率发生器 T1 等组成。串行口数据缓冲器 SBUF 是可以直接寻址的专用寄存器。从物理角度考虑，两个数据缓冲器一个用作发送缓冲器，一个用作接收缓冲器，但两个缓冲器共用一个串行口地址 99H，由读/写信号区分。CPU 写入 SBUF 时为发送缓冲器，读取 SBUF 时为接收缓冲器。接收缓冲器属于双缓冲结构，可避免在接收下一帧数据之前，若 CPU 未能及时响应接收器的中断，并将上一帧数据读取，而产生两帧数据重叠的问题。对于发送缓冲器，为了保持最大的传输速率，一般不需要双缓冲，因为发送时 CPU 是主动的，不会产生写重叠的问题。

特殊功能寄存器 SCON 用来存放串行口的控制和状态信息。T1 用作串行口的波特率发生器，其波特率是否增倍可由特殊功能寄存器 PCON 的最高位控制。

2. 与串行通信有关的寄存器

与串行通信有关的寄存器包括串行口控制寄存器 SCON、电源控制寄存器 PCON 以及与串行通信中断有关的控制寄存器 IE 和 IP。另外，串行通信的波特率还要用到 T1 的控制寄存器 TMOD 和 TCON。

1）串行口控制寄存器 SCON

8051 单片机串行通信的方式选择、接收和发送控制以及串行口的状态标志等均由特殊功能寄存器 SCON 控制和指示。SCON 的字节地址是 98H，支持位操作，其控制字格式如表 5 - 10 所示。

表 5 - 10　SCON 控制字格式

位序号	D7	D6	D5	D4	D3	D2	D1	D0
位地址	9FH	9EH	9DH	9CH	9BH	9AH	99H	98H
位名称	SM0	SM1	SM2	REN	TB8	RB8	TI	RI

SM0、SM1：串行口的工作方式控制位。具体的工作方式如表 5 - 11 所示，其中 f_{OSC} 是振荡频率。

SM2：多机通信控制位，主要用于方式 2 和方式 3。若 SM2＝1，则允许多机通信。多机通信协议规定，第 9 位数据（D8）为 1，说明本帧数据为地址帧；若第 9 位为 0，则本帧为数据帧。当一个 8051 单片机（主机）与多个 8051 单片机（从机）通信时，所有从机的 SM2 都置1。主机先发送的一帧数据为地址，即某从机的机号，其中第 9 位为 1，所有的从机接收到数据后，将其中第 9 位装入 RB8 中。各个从机根据收到的第 9 位数据（RB8 中）的值来决定从机能否再接收主机的信息。若 RB8＝0，说明是数据帧，则接收中断标志位 RI＝0，信息丢失；若 RB8＝1，说明是地址帧，数据装入 SBUF 并置 RI＝1，中断所有从机，被寻址的目标从机将 SM2 复位，以接收主机发送来的一帧数据。其他从机仍然保持 SM2＝1。若 SM2＝0，即不属于多机通信的情况，则接收一帧数据后，不管第 9 位数据是 0 还是 1，都置 RI＝1，接收到的数据装入 SBUF 中。在方式 1 时，若 SM2＝1，则只有接收到有效停止位时，RI 才置 1，以便接收下一帧数据。在方式 0 时，SM2 必须为 0。

表 5‑11　串行口的工作方式

SM0　SM1	工作方式	功能说明	波特率
0　　0	方式 0	同步移位寄存器	$f_{osc}/12$
0　　1	方式 1	10 位异步收发器	波特率可变（T1 溢出率/N）
1　　0	方式 2	11 位异步收发器	$f_{osc}/32$ 或 $f_{osc}/64$
1　　1	方式 3	11 位异步收发器	波特率可变（T1 溢出率/N）

REN：允许接收控制位，由软件置 1 或清 0。只有当 REN＝1 时才允许接收数据。在串行通信接收控制程序中，如满足 RI＝0，REN＝1 的条件，就会启动一次接收过程，一帧数据就会装入接收缓冲器 SBUF 中。

TB8：方式 2 和方式 3 时，TB8 为发送的第 9 位数据，根据发送数据的需要由软件置位或复位，可作奇偶校验位，也可在多机通信中作为发送地址帧或数据帧的标志位。对于后者，TB8＝1 时，说明发送该帧数据为地址；TB8＝0，说明发送该帧数据为数据字节。在方式 0 和方式 1 中，未使用该位。

RB8：方式 2 和方式 3 时，RB8 为接收的第 9 位数据。SM2＝1 时，如果 RB8＝1，说明接收到的数据为地址帧。RB8 一般是约定的奇偶校验位，或是约定的地址/数据标志位。在方式 1 中，若 SM2＝0（即不是多机通信情况），RB8 中存放的是已接收到的停止位。方式 0 中该位未使用。

TI：发送中断标志，在一帧数据发送完毕时被置位。在方式 0 中发送第 8 位数据结束时，或其他方式发送到停止位的开始时由硬件置位，向 CPU 申请中断，同时可用软件查询。TI 置位表示向 CPU 提供"发送缓冲器 SBUF 已空"的信息，CPU 可以准备发送下一帧数据。串行口发送中断被响应后，TI 不会自动复位，必须由软件清 0。

RI：接收中断标志，在接收到一帧有效数据后由硬件置位。在方式 0 中接收到第 8 位数据时，或在其他方式中接收到停止位时，由硬件置位，向 CPU 申请中断，也可用软件查询。RI＝1 表示一帧数据接收结束，并已装入接收 SBUF 中，要求 CPU 取走数据。RI 必须由软件清零，以清除中断请求，准备接收下一帧数据。

由于串行发送中断标志 TI 和接收中断标志 RI 共用一个中断源，CPU 无法判断中断请求是由 TI 还是 RI 产生的。因此，在进行串行通信时，必须在中断服务程序中用指令来判断。复位后 SCON 的所有位都清 0。

2）电源控制寄存器 PCON

PCON 中的最高位 SMOD 是与串行口的波特率设置相关的选择位，其余 7 位都和串行通信无关。SMOD＝1 时，方式 1、2、3 的波特率加倍。PCON 格式如表 5‑12 所示。

表 5－12　PCON 格式

位序号	D7	D6	D5	D4	D3	D2	D1	D0
位名称	SMOD	SMOD0	—	POF	GF1	GF0	PD	IDL

串行通信的波特率由单片机的定时器 T1 产生，并占用单片机的一个中断，因此串行通信还需使用 T1 以及与中断有关的寄存器，如 IE、IP、TMOD，在第 2 章已对中断和定时器应用做了介绍，利用这些寄存器进行串行通信时会在程序中再次体现。

5.3.3　串行口的工作方式

8051 单片机的串行口有方式 0、1、2、3 四种工作方式，分为 8 位、10 位和 11 位三种帧格式。

1. 串行口方式 0

方式 0 以 8 位数据为一帧，不设起始位和停止位，先发送或接收最低位，主要用于移位输入和输出。其帧格式为：

…	D0	D1	D2	D3	D4	D5	D6	D7	…

方式 0 为同步移位寄存器输入/输出方式，一般用于扩展 I/O 端口。串行数据通过 RXD 输入或输出，TXD 端用于输出同步移位脉冲，作为外接器件的同步信号。图 5－9 为方式 0 的发送电路和接收电路。方式 0 不适用于两个 8951 单片机之间的数据通信，但可通过外接移位寄存器来扩展单片机的接口。例如，采用 74LS164 可以扩展并行输出口，74LS165 可以扩展输入口。方式 0 中，收/发的数据为 8 位，低位在前，无起始位、奇偶位及停止位，波特率固定为系统振荡频率 f_{osc} 的 1/12。

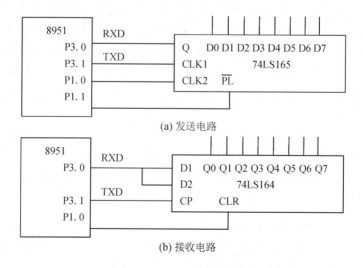

图 5-9　方式 0 的发送电路和接收电路

发送过程中，当执行一条数据写入发送缓冲器(99H)的指令时，串行口会把 SBUF 中的 8 位数据由低位到高位以 $f_{osc}/12$ 的波特率从 RXD 端输出，即每个机器周期送出 1 位数据。发送结束时置位中断标志 TI。

2. 串行口方式 1

方式 1 以 10 位为一帧进行传输，有 1 个起始位"0"，8 个数据位"1"和 1 个停止位"1"，其帧格式为：

| 起始 | D0 | D1 | D2 | D3 | D4 | D5 | D6 | D7 | 停止 |

方式 1 是 10 位波特率可调的异步通信方式，包含 1 位起始位"0"、8 位数据位（低位在前）和 1 位停止位"1"，起始位和停止位是在发送时自动插入的。TXD 和 RXD 分别用于发送和接收一位数据。接收时，停止位进入 SCON 的 RB8。

方式 1 发送时，数据从 TXD 端输出，当执行数据写入发送缓冲器 SBUF 的指令时，系统启动发送器开始发送，发送的条件是 TI＝0。发送时的定时信号，即发送移位脉冲（TX 时钟），是由定时器 T1 送来的溢出信号经过 16 或 32 分频（取决于 SMOD 的值）而取得的。TX 时钟就是发送的波特率，所以方式 1 的波特率是可变的。发送开始后，每过一个 TX 时钟周期，TXD 端输出 1 个数据位，8 位数据发送完后，置位 TI，并置 TXD 端为"1"作为停止位。

接收时，系统用软件置位 REN（同时 RI＝0），即开始接收。数据字节从低位到高位逐位接收并装入 SBUF 中，接收完成后 RI 被置位。一帧数据接收完毕，可进行下一帧的接收。74LS165 是 TTL"并入串出"移位寄存器。

方式 1 接收时，数据从引脚 RXD(P30)输入。接收的前提是 SCON 中 REN＝1，并检测到起始位（RXD 上检测由"1"至"0"的跳变）而开始的。接收时有两种定时信号，一种是接收移位时钟（RXD 时钟），其频率和波特率相同，是由定时器 T1 的溢出信号经 16 或 32 分频而得到的；另一种是位检测器采样脉冲，其频率是 RXD 时钟的 16 倍，即以 16 倍于波特率的速率对 RXD 进行采样。为了确保接收准确无误，在正式接收数据之前，还必须判定这个"1"到"0"的跳变是否由干扰引起。为此，在该位的中间（即一位时间分为 16 等份，在第 7、8、9 等份时）连续对 RXD 采样 3 次，取其中两次相同的值进行判断，这样就能较好地消除干扰。当确认是真正的起始位"0"后，就开始接收一帧数据。在一帧数据接收完后，必须同时满足以下两个条件，这次接收才真正有效，然后把数据位和停止位分别装入 SBUF 和 RB8 中。

(1) RI＝0，即上一帧数据接收完时，RI＝1 发出的中断申请已被响应，SBUF 中的数据已被取走。由软件使 RI＝0 以提供"接收缓冲器已空"的信息。

(2) SM2＝0 或接收到的停止位为"1"，则将接收到的数据装入 SBUF，并置位 RI。否则放弃接收的结果。

3. 串行口方式 2 和方式 3

方式 2 和 3 以 11 位为一帧进行传输，包括 1 个起始位"0"、8 个数据位、1 个附加的第 9 位数据 D8 和 1 个停止位"1"，其帧格式为：

| 起始 | D0 | D1 | D2 | D3 | D4 | D5 | D6 | D7 | D8 | 停止 |

方式 2 和方式 3 都是每帧 11 位异步通信格式，由 TXD 和 RXD 发送和接收。两种方式的操作过程完全相同，不同的只是波特率。每一帧数据中包括 1 位起始位"0"、8 位数据位（低位在前）、1 位可编程的第 9 位数据位和一位停止位"1"。发送时，第 9 位数据位（TB8）

可设置为 1 或 0,也可将奇偶校验位装入 TB8 以进行奇偶校验;接收时,第 9 位数据位进入 SCON 的 RB8。

发送前,先根据通信协议由软件设置 TB8(如作奇偶校验位或地址/数据标志位),然后将要发送的数据写入 SBUF,启动发送过程。串行口自动将 TB8 取出并装入到第 9 位数据的位置,再逐一发送出去,发送完毕时置位 TI。

接收时,先使 SCON 的 REN=1,允许接收。当检测到 RXD 端有"1"到"0"的跳变(起始位)时,开始接收第 9 位数据,送入移位寄存器。当满足 RI=0 且 SM2=0 或接收到的第 9 位数据为 1 时,前 8 位数据送入 SBUF,附加的第 9 位数据送入 SCON 中的 RB8,置位 RI;否则放弃接收结果,也不置位 RI。

5.3.4　波特率设定

在串行通信中,收发双方对发送或接收的数据速率有一定的要求。在应用中通过对 8051 单片机串行口编程可约定 4 种工作方式。其中方式 0 和方式 2 的波特率是固定的,而方式 1 和方式 3 的波特率是可变的,由定时器 T1 的溢出率确定。

1. 方式 0 的波特率

方式 0 时,其波特率固定为振荡频率的 1/12,并且不受 PCON 中 SMOD 位的影响。因而,方式 0 的波特率为 $f_{OSC}/12$。

2. 方式 2 的波特率

方式 2 的波特率由系统的振荡频率 f_{OSC} 和 PCON 的最高位 SMOD 确定,即为 $2^{SMOD} \times f_{OSC}/64$。在 SMOD=0 时,波特率为 $f_{OSC}/64$,SMOD=1 时,波特率为 $f_{OSC}/32$。

3. 方式 1 和方式 3 的波特率

方式 1 和方式 3 的通信波特率由定时器 T1 的溢出率和 SMOD 的值共同确定,即

$$方式 1、3 的波特率 = 2^{SMOD} \times (T1 溢出率)$$

当 SMOD=0 时,波特率为 T1 溢出率/32;SMOD=1 时,波特率为 T1 溢出率/16。其中,T1 的溢出率取决于 T1 的计数速率(计数速率 = $f_{OSC}/12$)和 T1 的设定值。若定时器 T1 采用模式 1,波特率公式为

$$方式 1、3 波特率 = (2^{SMOD}/32) \times (f_{OSC}/16)/(2^{16} - 初始值)$$

定时器 T1 用作波特率发生器时,通常采用定时器模式 2(自动重装初值的 8 位定时器)比较实用。设置 T1 为定时方式,使 T1 对系统振荡脉冲进行计数,计数速率为 $f_{OSC}/12$。应注意禁止 T1 中断,以免溢出而产生不必要的中断。设 T1 的初值为 X,则每经过 $(2^8 - X)$ 个机器周期,T1 就会产生一次溢出,即

$$T1 溢出率 = (f_{OSC}/12)/(2^8 - X)$$

从而可以确定串行通信方式 1、3 波特率为

$$方式 1、3 波特率 = (2^{SMOD}/32)f_{OSC}/[12(256 - X)]$$

因而可以得出 T1 模式 2 的初始值 X:

$$X = 256 - (SMOD + 1)f_{OSC}/(384 \times 波特率)$$

表 5-13 列出了方式 1、3 的常用波特率及其初值。系统振荡频率选为 11.0592 MHz,其目的是为了使初值为整数,从而产生精确的波特率。

表 5 – 13　常用波特率与其他参数的关系

串行口工作方式	波特率	f_{osc}	SMOD	定时器 T1		
				C/T	模式	定时器初值
方式 0	1MHz	12 MHz	X	X	X	X
方式 2	375K	12 MHz	1	X	X	X
	187.5K		0			
方式 1 或方式 3	62.5K	11.0592 MHz	1	0	2	FFH
	19.2K		1			FDH
	9.6K		0			FDH
	4.8K					FAH
	2.4K					FAH
	1.2K					E8H
	137.5					1DH
	110	12 MHz			1	FEEBH
方式 0	500K	6 MHz	X	X	X	X
方式 2	187.5K		X			
方式 1 或方式 3	19.2K		1	0	2	FEH
	9.6K		0			FDH
	4.8K					FDH
	2.4K					FAH
	1.2K					F4H
	600					E8H
	110					72H
	55				1	FEEBH

　　如果串行通信选用很低的波特率，可将定时器 T1 置于模式 0 或模式 1，即 13 位或 16 位定时方式。但在这种情况下，T1 溢出时，需用中断服务程序重装初值。中断响应时间和指令执行时间会使波特率产生一定的误差，需要用改变初值的方法加以调整。

5.3.5　串行口应用编程实例

1. 串口方式 0 应用编程

　　8051 单片机串行口方式 0 为移位寄存器方式，外接一个串入并出的移位寄存器，就可以扩展一个并行口。

　　用 8051 串行口外接 CD4094 扩展 8 位并行输出口，如图 5 – 10 所示，8 位并行口的各位都接一个发光二极管，要求发光管呈流水灯状态。串行口方式 0 的数据传送可采用中断方式，也可采用查询方式，无论哪种方式，都要借助于 TI 或 RI 标志。串行发送时，可以使用 TI 置位(发完一帧数据后)引起中断申请。在中断服务程序中发送下一帧数据，或者通过查询 TI 的状态，只要 TI 为 0 就继续查询，TI 为 1 就结束查询，然后发送下一帧数据。在串行接收时，则由 RI 引起中断或对 RI 查询来确定何时接收下一帧数据。无论采用什么方式，在开始通信之前，都要先对控制寄存器 SCON 进行初始化。在方式 0 中，将 00H 传送到 SCON 即可。程序如下：

```
            ORG      2000H
START：MOV      SCON，#00H    //置串行口工作方式 0
            MOV      A，#80H        //最高位灯先亮
            CLR       P1.0              //关闭并行输出（避免传输过程中各 LED 的"暗红"现象）
OUT0：MOV     SBUF，A         //开始串行输出
OUT1：JNB      TI，OUT1        //输出完否
            CLR       TI                 //完毕，清 TI 标志，以备下次发送
            SETB     P1.0              //打开并行口输出
            ACALL   DELAY          //延时一段时间
            RR        A                  //循环右移
            CLR       P1.0              //关闭并行输出
            JMP      OUT0             //循环
```

说明：DELAY 延时子程序可以采用前文介绍的 P1 端口流水灯的延时子程序，此处不再赘述。

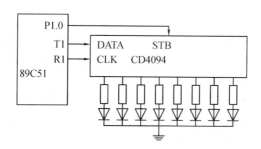

图 5-10　扩展 8 位并行输出示意图

2. 异步通信

异步通信汇编语言程序如下：

```
            ORG      0000H
            AJMP     START
            ORG      30H
START：
            MOV      SP，#5fh；
            MOV      TMOD，#20h    //T1：工作模式 2
            MOV      PCON，#80h    //SMOD=1
            MOV      TH1，#0FDH    //初始化波特率（参见前文）
            MOV      SCON，#50h     //Standard UART settings
            MOV      R0，#0AAH      //准备送出的数
            SETB     REN               //允许接收
            SETB     TR1               //T1 开始工作
```

```
WAIT：
        MOV     A，R0
        CPL     A
        MOV     R0，A
        MOV     SBUF，A
        LCALL   DELAY
        JBC     TI,WAIT1        //如果 TI 等于 1，则清 TI 并转 WAIT1
        AJMP    WAIT
WAIT1：
        JBC     RI, READ        //如果 RI 等于 1，则清 RI 并转 READ
        AJMP    WAIT1
READ：
        MOV     A, SBUF         //将取得的数据发送 P1 端口
        MOV     P1, A
        LJMP    WAIT
DELAY：                         //延时子程序
        MOV     R7，#0ffH
        DJNZ    R7，$
        RET
        END
```

　　将编译程序写入芯片，然后将芯片插入实验板，并用通读电缆将实验板与主机的串口相连即可进行实验。上面的程序功能很简单，就是每隔一段时间向主机轮流传送数据 55H 和 AAH，并把主机送去的数据传送到 P1 端口。可以在 PC 端用串口精灵来进行实验。运行串口精灵后，选择主界面上的"设置参数"按钮进入"设置参数"对话框，按下面的参数进行设置。注意，机器上用的是串口 2，如果不是串口 2，请自行更改串口的设置，设置操作如图 5-11 所示。

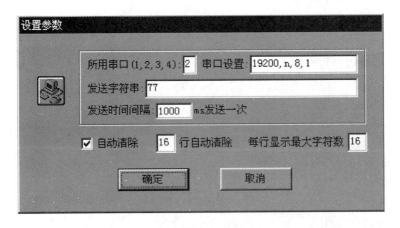

图 5-11　串口设置示意图

　　设置完成后，单击"确定"返回主界面，注意右侧会出现一个下拉列表，应当选择"按十六进制"，然后点击"开始发送""开始接收"即可。按此设置，实验板上应当有两只灯亮，6只灯灭。读者可以自行更改设置参数中的发送字符（如 55，00，FF 等），观察灯的亮灭，并

分析原因，也可以在主界面上更改下拉列表中的"按十六进制"为"按十进制"或"按 ASCII 字符"并观察现象，仔细分析。有利于深入理解十六进制、十进制、ASCII 字符的相关意义。程序本身很简单，又有注释，这里就不详加说明了。

3. 上述程序的中断版本

上述程序的中断版本如下所示：

```
        ORG     0000H
        AJMP    START
        ORG     0023h
        AJMP    SERIAL；
        ORG     30H
START：
        MOV     SP，＃5fh；
        MOV     TMOD，＃20h      //T1：工作模式 2
        MOV     PCON，＃80h      //SMOD＝1
        MOV     TH1，＃0FDH      //初始化波特率(参见前文)
        MOV     SCON，＃50h      //Standard UART settings
        MOV     R0，＃0AAH       //准备送出的数据
        SETB    REN             //允许接收
        SETB    TR1             //T1 开始工作
        SETB    EA              //开总中断
        SETB    ES              //开串口中断
        SJMP    $
SERIAL：
        MOV     A，SBUF
        MOV     P1，A
        CLR     RI
        RETI
        END
```

本程序没有写入发送程序，大家可以自行添加。

5.3.6　单片机与计算机串口通信

单片机与计算机的通信接口可采用单片机程序下载接口，上位机程序采用串口调试助手软件实现，上述程序是利用串口调试助手先发送一个字符，单片机接收后返回一个字符，可利用单片机实验板 P0 端口所连接的 LED 实现数据接收。

思 考 与 练 习

1. MCS-51 单片机有几个中断源？分别是什么？各中断标志是如何产生的？又是如何复位的？

2. 外部中断源有哪两种触发方式？主要区别是什么？

3. 简述 MCS-51 单片机的中断响应过程。

4. 简述定时器/计数器的 4 种工作方式。

5. 简述串行口方式 1 或方式 3 的定时器初始值的设置方法。

6. MCS-51 单片机串行口有几种工作方式？如何选择？

7. 串口通信有哪些主要参数？

8. MCS-51 单片机串行控制寄存器有哪些？

9. 在串行通信中通信速率与传输距离之间的关系如何？

第 6 章

单片机系统扩展技术

　　单片机的外部扩展是对单片机资源、性能的补充和延伸，它主要包括存储器扩展、并行/串行口扩展，以及人机接口所必需的键盘与显示器件接口扩展等。单片机的外部扩展方式与接口器件的电气参数、时序要求、功能、体积、成本等方面密切相关，在总体设计时必须综合考虑，并适当预留扩展空间，以为系统改进设计、产品升级等需要留出选择余地。此外，在同等条件下，应该首先占用单片机输入/输出端口线较少、数据传输速率适中、功能完备且集成度较高的外部接口器件。

　　接口技术是把由处理器等组成的基本系统与外部设备连接起来，从而实现计算机与外设通信的一门技术，处理器通过总线与接口电路连接，而接口电路则连接外部设备。

　　随着大规模集成电路技术的发展，微型计算机的接口也被集成在单一的芯片上，大多数接口芯片的工作方式可以通过编程的方法设定，以适应多种功能要求，这种接口芯片被称为可编程接口芯片。而有些接口芯片本身就具有专用处理器，能自动执行接口内部的固化程序，从而成为智能接口，因此，接口技术是一种硬件与软件相结合的技术。

　　在实际控制系统中，计算机所要加工、处理的信号可以分为模拟量（Analog）和数字量（Digit）两种类型，使用计算机对模拟量进行采集、加工和输出，需要把模拟量转换成便于计算机存储和加工的数字量（称为 A/D 转换），并送入计算机进行处理。经过计算机处理后的数字量所产生的结果依然是数字量，要对外部设备实现控制必须将数字量转换成模拟量（称为 D/A 转换），因此，A/D 转换与 D/A 转换是计算机应用于多媒体、工业控制等领域的一项重要的技术。

6.1　并行总线扩展

　　由于引脚数的限制，单片机 P0 端口和 P2 端口除用作基本 I/O 端口使用外，还可用于并行总线口扩展。

6.1.1　80C51 单片机的外部并行总线

　　并行总线扩展是将各个扩展部件采用适当的方法"挂"在总线上。PC 提供专用的地址总线（Address Bus，AB）和数据总线（Data Bus，DB），但 80C51 单片机没有地址总线，需借助本身的 I/O 线经过改造而成。

　　并行总线扩展时，使用单片机的 P2 端口输出高 8 位地址 A8～A15，P0 端口输出低 8位地址 A0～A7 和传送数据 D0～D7，单片机外加地址锁存器构成与 PC 类似的三总线结构，如图 6-1 所示。

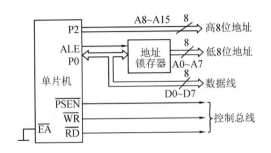

图 6-1　单片机并行扩展

三总线包括地址总线 AB(Address Bus)、数据总线 DB(Data Bus)和控制总线 CB (Control Bus)。

地址总线 AB：用于传送存储器地址码或输入/输出设备地址码。80C51 系列单片机的地址总线宽度为 16 位，寻址范围为 $2^{16}=64$ KB，由 P0 端口提供低 8 位 A0～A7，P2 端口提供高 8 位 A8～A15。P0 端口可作地址/数据复用口使用，当其作为地址总线口使用时，需分时使用，因此 P0 端口必须用锁存器输出低 8 位的地址数据。锁存器由 ALE 控制，在 ALE 的下降沿将 P0 端口输出的地址(A0～A7)锁存。P2 端口具有锁存功能，不需外加锁存器。当 P0、P2 在系统中用作地址总线时，不能再用作一般 I/O 端口。

数据总线 DB：用于传送指令或数据，是主控设备和从设备之间进行数据传送的通道。80C51 系列单片机的数据总线由 P0 端口提供，宽度为 8 位 D7～D0。在访问外部程序存储器期间，即 $\overline{PSEN}$ 有效时，P0 端口作为数据总线会出现指令信号；在访问外部数据存储器期间，当 $\overline{WR}$ 和 $\overline{RD}$ 有效时，P0 端口作为数据总线会出现数据信号。

控制总线 CB：专供各种控制信号传递的通道，总线操作的各项功能都是由控制总线完成的。80C51 系列单片机的控制总线主要由 P3 端口的第二功能线，再加上 ALE、$\overline{PSEN}$ 和 $\overline{EA}$ 等组成。$\overline{PSEN}$ 用作扩展程序存储器(EPROM)读取选择信号，读取 EPROM 中的数据不用 $\overline{RD}$ 信号。$\overline{EA}$ 用作内外程序存储器的选择信号，$\overline{EA}=0$ 时，只访问外部程序存储器，地址从 0000H 开始设置。$\overline{RD}$ 为外部数据存储器读信号。$\overline{WR}$ 为外部数据存储器写信号。当执行片外数据存储器操作指令 MOVX 时，$\overline{RD}/\overline{WR}$ 信号会自动生成。

常用的地址锁存器有两类：一类是 8D 触发器，如 74LS273、74LS377；另一类是 8 位锁存器，如 74LS373、8282 等。

6.1.2　地址译码方法

扩展多片外围芯片时，单片机的 CPU 是根据地址访问这些外围芯片的，即由地址线上的信息来选择某一外围芯片的某一单元进行读/写操作。芯片是由高位地址线通过译码进行选择的，被选中的芯片单元地址由低位地址信息确定。地址译码包括线译码法、全译码法和部分地址译码法 3 种方法。

1. 线译码法

线译码法是直接将系统的高位地址线连到所扩展芯片的片选端，作为其片选信号，一根地址线对应一个片选。片选端通常用 $\overline{CS}$、$\overline{CE}$ 等符号表示，低电平有效。线译码法结构简单、不需另加外围电路，具有体积小、成本低等优点，但也存在可寻址的器件数目受限、各芯片间的地址空间不连续的缺点。线译码法不能充分利用 CPU 的最大地址空间，只适用外扩芯片不多、小规模的芯片扩展。

扩展外围芯片时，所用地址线最多为 A0～Ai，片选线为 A15～Ai+1。例如 i=11，则只有 A15、A14、A13、A12 可作为片选端，分别接到 0♯、1♯、2♯、3♯芯片的片选端。各芯片的对应地址范围分别为：7000H～7FFFH、0B000H～0BFFFH、0D000H～0DFFFH、0E000H～0EFFFH。所占地址空间均为 4 KB。

2. 全译码法

全译码法是将片内选址后剩余的高位地址通过译码器进行译码，译码后的输出产生片选信号，每一种输出作为一个片选。

当扩展多片外围芯片时，需采用全译码法。常用的译码器有 74LS139、74LS138 等芯片。全译码法的主要优点是可以最大限度地利用 CPU 地址空间，各芯片间地址可以连续。但译码电路较复杂，要增加硬件开销，所以全译码法一般在外部扩充大容量存储器时使用。

3. 部分地址译码法

部分地址译码法是将一部分高位剩余的地址进行译码，另一部分则悬空暂时不用。这种方法的优缺点介于上述两种译码方法之间。既能利用 CPU 较大的地址空间，又可简化译码电路；但存在存储器空间的重叠，造成系统空间的浪费。

6.2　串行总线扩展技术

单片机系统的扩展常采用并行总线扩展技术和串行总线扩展技术。并行总线扩展技术采用三总线方式或并行口扩展芯片的方式；串行总线扩展技术采用串行接口电路进行扩展。

相比并行扩展而言，采用串行总线进行扩展时，其连接的单片机 I/O 引脚线根数减少，通常省去了专门的母板和插座而直接用导线进行连接，使系统的硬件设计简化、体积减小、可靠性提高。近年来，由于集成电路芯片技术的进步，单片机应用系统越来越多地采用串行总线扩展技术。

目前常见的串行总线扩展方式有 Motorola 公司推出的 SPI(Serial Peripheral Interface)总线方式、Philips 公司推出的 I^2C(Inter-Integrated Circuit)总线方式、Dallas Semiconductor 公司推出的单总线(1-Wire Chips)方式等。

6.2.1　SPI 串行总线

SPI 总线是 Motorola 公司最先推出的一种串行总线技术，它是在芯片之间通过串行数据线(MISO、MOSI)和串行时钟线(SCLK)实现同步串行数据传输的技术。SPI 可提供访问一个 4 线、全双工串行总线的能力，支持在同一总线上将多个从器件连接到一个主器件上，可以在主方式或从方式下工作。

1. SPI 串行总线的特点

SPI 串行总线具有以下几个特点：

（1）三线同步。

（2）全双工操作。

（3）主从方式。

当 SPI 被设置为主器件时，最大数据传输率（b/s）是系统时钟频率的 1/2。当 SPI 被设置为从器件时，如果主器件与系统时钟同步发出 SCK、$\overline{SS}$ 和串行输入数据，则全双工操作时的最大数据传输率是系统时钟频率的 1/10。如果不同步，则最大数据传输率必须小于系统时钟频率的 1/10。在半双工操作时，从器件的最大数据传输率是系统时钟频率的 1/4。

（4）有 4 种可编程时钟速率，主方式频率最大可达 1.05 MHz，从方式频率最大为 2.1 MHz，当 SPI 被设置为主器件时，最大数据传输速率（b/s）是系统时钟频率的 1/2。

（5）具有可编程极性和相位的串行时钟。

（6）具有传送结束中断标志、写冲突出错标志、总线冲突出错标志。

2．SPI 串行总线的接口电路及工作原理

1）引脚

SPI 总线主要使用 4 个 I/O 引脚，分别是串行时钟 SCK、主机输入/从机输出数据线 MISO、主机输出/从机输入数据线 MOSI 和从选择线 $\overline{SS}$。在不使用 SPI 系统时，这 4 根总线可用作普通的输入/输出口线。

（1）串行数据线（MISO、MOSI）：MISO 和 MOSI 用于串行同步数据的接收和发送，数据的接收或发送是先 MSB（高位），后 LSB（低位）。若 SPI 设置为主方式时，SPI 控制寄存器（SPCR）中的主/从工作选择方式位 MSTR 置 1，MISO 是主机数据的输入线，MOSI 是主机数据的输出线。若 MSTR 置 0 时，在从方式下工作，MISO 为从机数据输出线，而 MOSI 为从机数据输入线。

（2）串行时钟（SCK）：用于传送从 MOSI 和 MISO 的输入和输出的同步数据。当 SPI 设置为主方式时，SCK 为同步时钟输出；设置为从方式时，SCK 引脚为同步时钟输入。在主方式下，SCK 信号由内部 MCU 总线时钟得出。在主设备启动一次传送时，自动在 SCK 引脚产生 8 个时钟。在主设备和从设备 SPI 器件中，SCK 信号的一个跳变进行数据移位，在数据稳定后的另一个跳变进行采样。SCK 是由主设备 SPCR 寄存器的 SPI 波特率选择位 SPR1、SPR0 来选择时钟速率的。

（3）从选择线（$\overline{SS}$）：在从方式中，$\overline{SS}$ 脚用于对使能 SPI 从机进行数据传送。在主方式中，$\overline{SS}$ 用来保护在主方式下 SPI 同步操作所引起的冲突，逻辑 0 禁止 SPI，清除 MSTR 位。在此方式下，若为"禁止方式检测"时，$\overline{SS}$ 可用作 I/O 端口；若为"允许方式检测"时，$\overline{SS}$ 为输入口。在从方式下，$\overline{SS}$ 作为 SPI 的数据和串行时钟接收使能端。

当 SPI 的时钟相位 CPHA 为 1 时，某从器件若要进行数据传输，则相应的 $\overline{SS}$ 为低电平；当 CPHA 为 0 时，$\overline{SS}$ 必须在 SPI 信息中的两个有效字符之间为高电平。

2）接口电路

SPI 总线接口的典型电路如图 6-2 所示，由 1 个主器件和 n 个从器件构成。主器件控制数据，并向 1 个或 n 个从器件传送数据，从器件在主机发送命令时才能接收或发送数据。这些从器件可以只接收或只发送信息给主器件，在这种情况下从器件可以省略 MISO 或 MOSI 线。

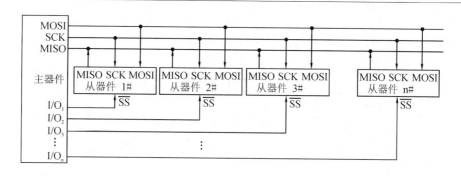

图 6-2　SPI 总线接口的典型电路

3）工作原理

主/从式 SPI 允许在主机与外围设备之间进行串行通信。只有 SPI 主器件才能启动数据的传输。通过 SPI 控制寄存器 SPCR 将 MSTR 置 1，可设置主 SPI 传送数据（即处于主方式）。当处于主方式时，设备向 SPI 数据寄存器 SPDR 写入字节，启动数据的传输。SPI 主设备立即在 MOSI 线上串行移出数据，同时在 SCK 上提供串行时钟。在 SPI 传送过程中，SPDR 不能缓冲数据，写入 SPI 的数据直接进入移位寄存器，在串行时钟 SCK 下 MOSI 线上串行移出数据。当经过 8 个串行时钟脉冲后，SPI 状态寄存器 SPSR 的 SPIF 开始置位时，传送结束。同时 SPIF 置 1，产生一个中断请求，从接收设备移位到主 SPI 的数据被传送到 SPI 数据寄存器 SPDR。因此 SPDR 所缓冲的数据是 SPI 所接收的数据。在主 SPI 传送下一个数据之前，软件必须通过读取 SPDR 清除 SPIF 标志位，然后再执行命令。

当 SPI 被允许而未被配置为主器件时，将作为从器件工作。在从 SPI 中，数据在主 SPI 时钟控制下进入移位寄存器，当一个字节进入从 SPI 之后，会被传送到 SPDR。为了防止越限（字节进入移位寄存器之前读取该字节），从机软件必须在另一个字节进入移位寄存器之前，先读取 SPDR 中的这个字节，并准备传送到 SPDR 中。图 6-3 为 SPI 数据的交换示意图。

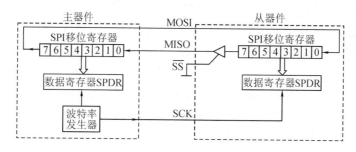

图 6-3　SPI 数据的交换

3．时钟相位和极性

为适应不同外部设备的串行通信，通常用软件来改变 SPI 串行时钟的相位和极性，即选择 CPOL 与 CPHA 的 4 种不同组合方式。其中 CPOL 用于选择时钟极性，与发送格式无关；而时钟相位 CPHA 用于控制两种发送格式（CPHA＝0 和 CPHA＝1）。对于主、从机通信，时钟相位和极性必须相同。

1）CPHA＝0 的发送格式

图 6-4 为 CPHA＝0 时的发送格式。图中 SCK 有两种波形，一种为 CPOL＝0，另一

种为 CPOL＝1。在 CPHA＝0 时，$\overline{SS}$下降沿用于启动从机数据发送，而第一个 SCK 跳变捕捉最高位。在一次 SPI 传送完毕，从机的$\overline{SS}$脚必须返回高电平。

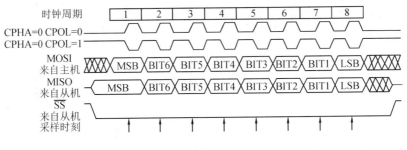

图 6－4　CPHA＝0 时传送格式

2）CPHA＝1 的发送格式

图 6－5 为 CPHA＝1 时的发送格式，主机在 SCK 的第一个跳变开始驱动 MOSI，从机应用该跳变来启动数据发送。SPI 传送期间，从机的$\overline{SS}$引脚保持为低电平。

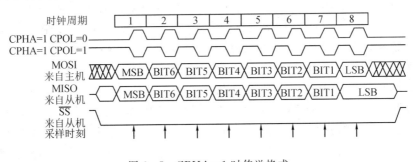

图 6－5　CPHA＝1 时传送格式

4. SPI 的应用

1）自带 SPI 接口的单片机扩展并行 I/O 端口

某些单片机内部自带有 SPI 总线接口。如图 6－6 所示为自带 SPI 接口单片机的 SPI 总线扩展两片 74HC595 串入/并出移位寄存器。74HC595 采用级联的方法进行连接，SCLK 与 SCK 线相连，RCLK 与$\overline{SS}$相连，1♯数据输入线 S_{in} 接在 MOSI 线上，2♯芯片的数据输入线 S_{in} 与 1♯芯片的数据输出线 S_{out} 相连。单片机 MISO 暂时没有使用，可用于输入芯片的数据输入。在输出数据时，先将$\overline{SS}$清 0，再执行两次 SPI 传送。

2）SPI 串行总线在 80C51 系列单片机中的实现

在一些智能仪器和工业控制系统中，当传输速度要求不高时，使用 SPI 总线可以增加系统接口器件的种类，提高系统性能。若系统中使用不具有 SPI 接口功能的 8051 系列单片机时，只能通过软件来模拟 SPI 操作。假设 P1.5 模拟 SPI 的数据输出端 MOSI，P1.7 端模拟 SPI 的 SCK 输出端，P1.4 模拟 SPI 的从机选择端$\overline{SS}$，P1.6 模拟 SPI 的数据输入端 MISO。若外围器件在 SCK 的下降沿接收数据，上升沿发送数据时，单片机 P1.7 端口初始值设为 0，允许接口后 P1.7 设为 1。单片机在输出 1 位 SCK 时钟的同时，接口芯片串行左移，向单片机的 P1.6 端口输出 1 位数据，即模拟 MISO，此后再置 P1.7 为 0，使 8051 单片机从 P1.5 向串行接口芯片（模拟 MOSI）输出 1 位数据。这样，模拟 1 位数据输入/输出即可完成。然后，再将 P1.7 置 1，模拟下一位数据输入/输出，…，依次循环 8 次，完成 8 位数据传输的操作。

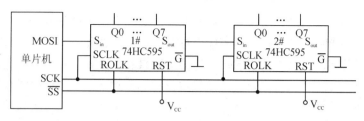

图 6 - 6　扩展并行 I/O 口

6.2.2　I²C 总线的特点

1. I²C 总线的特点

（1）I²C 总线为两线制，一条为 SDA 串行数据线，另一条为 SCL 串行时钟线。它采用"纯软件"的寻址方法，以减少连线数目。

（2）I²C 总线可在主/从方式下工作。与总线相连的每个器件都对应一个特定的地址，可由芯片内部硬件和外部地址同时确定。每个器件在通信过程中可建立简单的主从关系，即主控器件可以作为发生器，也可以作为接收器。

（3）I²C 是一种真正的多主串行总线，多主器件竞争总线时，时钟同步和总线仲裁都由硬件自动完成。因为该总线具有错误检测和总线仲裁功能，可以防止多个主控器件同时启动数据传输而产生的总线竞争。各个主机之间没有优先次序之分，也无中心主机。

（4）串行数据在主从之间可以双向传输。其传输速率在不同的模式下各不相同，在标准模式下速率可达 100 kb/s，快速模式下可达 400 kb/s，高速模式下可达 3.4 Mb/s。

（5）数据总线上的毛刺波由芯片上的滤波器滤除，以确保数据的完整性。

（6）同步时钟和数据线相配合产生可以作为启动、应答、停止或重启串行发送的握手信号。连接到同一总线的 I²C 器件数只受总线的最大电容 400 pF 限制。

2. I²C 总线的接口电路及工作原理

1）I²C 的接口电路

I²C 总线为双向同步串行总线，I²C 设备与 I²C 总线连接的接口电路如图 6-7 所示。

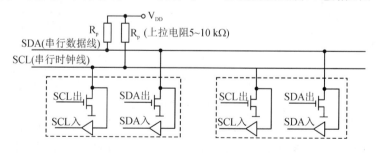

图 6 - 7　I²C 设备与 I²C 总线连接的接口电路

为了实现时钟同步和总线仲裁机制，应将电路上的所有输出连接形成逻辑"线与"的关系。在进行时钟同步和总线仲裁机制过程中，I²C 总线上的输出波形并非由某个器件单独决定的，而是由连接在总线上所有器件的输出级共同决定的。由于 I²C 总线端口为 FET 开漏输出结构，因此 I²C 总线上必须连接上拉电阻 R_p，R_p 阻值可参考有关数据手册来选择。总线在工作时，当 SDA 输出（或 SCL 输出）时，FET 管截止，输出为 0，带有 I²C 接口的器件通过 SDA 输入(或 SCL 输入)缓冲器,采集总线上的数据或时钟信号。

数据线 SDA 和时钟 SCL 构成的 I^2C 串行总线,可发送和接收数据。I^2C 总线上发送数据的设备称为发送器,而接收数据的设备称为接收设备。能够初始发送、产生时钟启动/停止信号的设备称为主设备;被主设备寻址的设备称为从设备。在信息的传输过程中,I^2C 总线上并接的每一个 I^2C 设备既是主设备(或从设备),又是发送器(或接收设备),这取决于它所要完成的功能。在标准模式下,单片机与 I^2C 设备之间、I^2C 设备与 I^2C 设备之间进行双向数据的传送,最高传送速率可达 100 kb/s。单片机发出的控制信号分为地址码和控制量两部分,地址码用来选址,即接通需要控制的电路,确定控制的种类;控制量决定该调整的类别及需要调整的量。由于地址码和控制量的不同,各控制电路虽然处在同一条总线上,却彼此独立,互不相关。

I^2C 总线支持主/从式和多主式两种工作方式,图 6-8 为主/从式系统的结构图,图 6-9 为多主式系统的结构图。

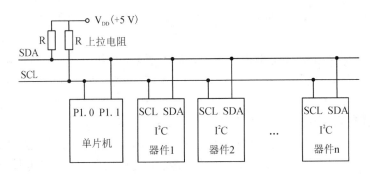

图 6-8　主/从式系统的结构图

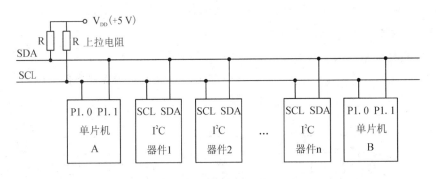

图 6-9　多主式系统的结构图

在图 6-8、图 6-9 中的单片机若不具有 I^2C 接口,可以利用单片机的口线模拟 SDA 和 SCL 线。若单片机本身提供有 I^2C 接口,则可直接采用其 SDA 和 SCL 口线。

2) 工作过程

在数据传输中,主设备为数据传输产生的时钟信号,要求 SDA 数据线只有在 SCL 串行时钟处于低平时才能变化。总线的一次典型工作过程如下:

(1) 开始:表明开始传输信号,传输信号由主设备产生相应的停止信号。

(2) 地址:主设备发送地址信息,包含 7 位从设备地址和 1 位指示位。

(3) 数据:根据指示位,数据在主设备和从设备之间传输。数据一般以 8 位传输,接收器上用 1 位 ACK(回答信号)表明每一个字节都收到该数据。传输可以被终止或重新开始。

（4）停止：信号结束传输，由主设备产生相应的停止信号。

3. I²C 信号时序分析

1）SDA 与 SCL 的时序关系

I²C 总线上的各位时序信号应符合 I²C 总线协议，其时序关系如图 6-10 所示。整个串行数据与芯片本身的数据操作格式应相符。I²C 总线为同步传输总线，总线数据与时钟完全同步。当时钟 SCL 线为高电平时，对应数据线 SDA 线上的电平即为有效数据(高电平为"1"，低电平为"0")；当 SCL 线为低电平时，SDA 线上的电平允许改变；当 SCL 发出的重复时钟脉冲每次为高电平时，SDA 线上对应的电平逐位传送数据，最先传输的是字节的最高位数据。

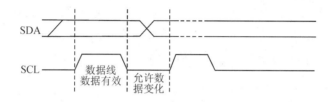

图 6-10　SDA 与 SCL 的时序关系

2）启动与停止信号

I²C 总线数据在传送时，有启动信号和停止信号两种时序信号，如图 6-11 所示。

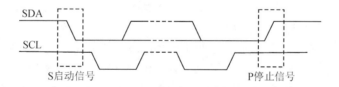

图 6-11　I²C 总线的启动与停止信号

（1）S 启动信号(Start Condition)：当 SCL 为高电平时，SDA 出现的由高到低的电平跳变为启动信号 S，该信号可启动 I²C 总线的传送。

（2）P 停止信号(Stop Condition)：当 SCL 为高电平时，SDA 出现的由低到高的电平跳变为结束信号 P，可停止 I²C 总线的数据传送。停止信号可将 E²PROM 置于低功耗和备用方式(Stand by Mode)。

启动信号和停止信号都是由主设备产生的。在总线上的 I²C 设备能很快检测到这些信号。

3）应答信号 ACK(Acknowledgement)和非应答信号 $\overline{ACK}$

在 I²C 总线上所有的数据都是以 8 位传送的，每一个字节传送完毕后，都应有一个应答位，而第 9 个 SCL 时钟对应于应答信号位。当 SDA 线上为低电平时，第 9 个 SCL 时钟对应的数据位为应答信号 ACK；当 SDA 线上为高电平时，第 9 个 SCL 时钟对应的数据位为非应答信号 $\overline{ACK}$。该信号是由接收数据的设备发出的。应答信号和非应答信号如图6-12所示。

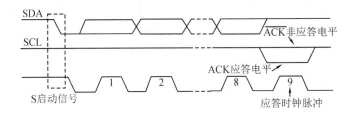

图 6-12　应答信号和非应答信号

4）数据传输

I²C 总线启动或应答信号后的 1~8 个时钟脉冲，各对应一个字节的 D7~D0 位数据。在 SCL 时钟脉冲高电平期间，SDA 的电平必须保持稳定不变的状态，只有当 SCL 处在低电平时，才可以改变 SDA 的电平值，但启动信号和停止信号是特例。因此，当 SCL 处于高电平时，SDA 的任何跳变都会识别成为一个启动或停止信号。在数据传输过程中，发送 SDA 信号线上的数据以字节为单位，每个字节必须为 8 位，而且都是高位在前、低位在后，每次发送数据字节数量不受限制。数据传输如图 6-13 所示。

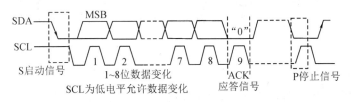

图 6-13　数据传输

5）时钟同步

所有器件会在 SCL 线上产生自己的时钟来传输 I²C 报文，这些数据只有在 SCL 高电平期间才有效。假设总线上有两个主设备，其时钟分别为 CLK1 和 CLK2。若在某一时刻这两个主设备处在不同的时钟脉冲，如图 6-14 所示，此时设备都要控制总线，并进行数据传输，这时总线会通过“线与”的逻辑关系来裁定有效时钟，产生时钟同步信号 SCL。

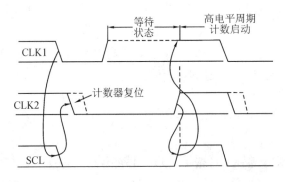

图 6-14　时钟同步

6）仲裁

数据在总线空闲时才能进行传输，只有一个主设备的基本系统中不会出现仲裁。然而，更多的复杂系统允许有多个主控设备，因此，有必要用某种形式的仲裁来避免总线冲突和数据丢失。通过用“线与”连接 I²C 总线的两路信号（数据和时钟）可以实现仲裁。所有主设备必须监视 I²C 的数据和时钟线,如果已经有数据正在传输,主设备就不会开始进行另一个数据的传输。假设总线上有两个主设备,其数据输出端分别对应为 DATA1 和 DATA2。这两个主设备可能在最短持续时间内产生一个起始条件,都要获得控制总线的能力,向总线发出一个启动信号,在这种情况下,相互竞争的设备自动使其时钟保持同步,并继续发射信号。因为起始条件符合规定,但总线不能同时响应这两个启动信号,I²C 总线通过“线与”的逻辑关系在数据线 SDA 上产生信号。

总线仲裁如图 6-15 所示。从图中可以看出,DATA1、DATA2 同时为高电平时,SDA 为高电平;DATA1 由高电平变低电平,而 DATA2 保持高电平时,SDA 变为低电平;DATA1、DATA2 同时为低电平时,SDA 为低电平;DATA1、DATA2 同时由低电平变为高电平时,SDA 也变为高电平;DATA1 为高电平,DATA2 为低电平时,SDA 为低电平,之后当 DATA2 由低电平变为高电平时,SDA 才为高电平。整个过程就是 SDA = DATA1&DATA2,即 SDA 是 DATA1 与 DATA2“线与”的结果,之后,DATA2 获得了总线控制权,可以在总线上进行数据传输,从而实现了总线仲裁。

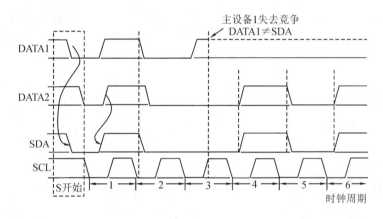

图 6-15 总线仲裁

因为没有数据丢失,仲裁处理不需要特殊的仲裁相位。在串行数据传输中,若有重复起始条件或停止条件发送到总线上,总线仲裁继续进行,不会停止。

4. I²C 总线串行传输格式

在串行传输数据中,I²C 总线启动后每次传送一个字节,每字节 8 位,且高位(D7)在前。其传输格式是:首先由主设备发出起始信号 S 启动 I²C 总线,并发出一个地址字节,该字节的高 7 位 SLAVE 作为从设备地址,最低位是数据的传送方向位,用 R/$\overline{\text{W}}$ 表示,即读/写选择位。R/$\overline{\text{W}}$ 位=0 时,表示主设备向从设备发送数据(即主设备将数据写入从设备);R/$\overline{\text{W}}$ 位=1 时,表示发送器地址的主设备接收从设备发来的数据(即从设备向主设备发送数据)。在 SLAVE+R/$\overline{\text{W}}$ 地址字节之后,发送器可发出任意字节的数据。每发送一个字节之后从设备都会做出响应,回送 ACK 应答信号。主设备收到 ACK 信号后,可继续发送下一个字节数据。如果从设备正在处理一个实时事件而不能接收主设备发来的字节,例如从设备正在处理一个内部中断,在处理该中断之前不能接收主设备发送的字节,此时可以使时钟 SCL 线保持为低电平,从设备必须使 SDA 保持高电平。此时主设备发出结束信号 P,使传送异常结束,迫使主设备处理等待状态。从设备处理完毕时将释放 SCL 线,主器件将继续传送字节。连续传送数据的格式如表 6-1 所示。

表 6-1　连续传送数据的格式

S	SLAVE	R/$\overline{\text{W}}$	A	DATA1	A	DATA2	A…DATAn	A/$\overline{\text{A}}$	P
1 位	7 位	1 位	1 位(ACK)	8 位	…	…	…	1 位	1 位结束
起始	器件地址字节	应答	8 位数据	…	…		结束		

6.2.3　单总线

　　单总线是美国 Dallas 半导体公司(2011 年并入 MAXIM 公司)于 20 世纪 90 年代新推出的一种串行总线技术。该技术只需使用一根信号线(将计算机的地址线、数据线、控制线合为一根信号线)即可完成串行通信。单根信号线既传输时钟,又传输数据,而且数据传输是双向的,在信号线上可以连接许多测控对象,并且电源也经这根信号线馈给。所以在单片机的低速(约 100 kb/s 以下的速率)测控系统中,使用单总线技术可以简化线路结构,减少硬件开销。

　　目前,Dallas 半导体公司运用单总线技术生产了许多单总线芯片,如数字温度计 DS18B20、RAM 存储器 DS2223、实时时钟 DS2415、可寻址开关 DS2405、A/D 转换器 DS2450 等。它们都是通过一对普通双绞线(一根信号线和一根地线)传送数据、地址、控制信号及电源,实现主/从设备间的串行通信。

1. 单总线的特点

　　采用单总线技术的主/从设备,具有以下几个方面的特点:

　　(1) 主/从设备间的连线少,有利于长距离通信。

　　(2) 功耗低,由于单线芯片采用 CMOS 技术,且从设备一般由主设备集中供电,因此耗电量很少(空闲时功耗为 μW 级,工作时功耗为 mW 级)。

　　(3) 主/从设备都为开漏结构,为使连接在总线上的每个设备在适当的时候都能驱动,它们与总线的匹配端口都具有开漏输出功能,因此在主设备的总线侧必须有上拉电阻。

　　(4) 单总线上传送的是数字信号,因此系统的抗干扰性能好,可靠性高。

　　(5) 特殊复位功能,线路处于空闲状态时为高电平,若总线处于低电平的时间大于器件规定值(通常该值为几百 μs),总线上的从设备将被复位。

　　(6) 具有 ROM ID,单总线上可连接许多单线芯片进行数据交换。为区分这些芯片,厂家在生产这些芯片时,每个单线芯片都编制了唯一的 ID 地址码,这些 ID 地址码都存放在该芯片自带的存储器中,通过寻址就能把芯片识别出来。

2. 单总线的接口电路及单总线芯片工作原理

　　1) 单总线接口电路

　　单总线上可并联多个从设备,在单片机 I/O 端口直接驱动下,能够并联 200 m 范围内的从设备。若进行扩展可连接 1000 m 以外的从设备。所以在许多应用场合下,利用单总线技术可组成一个微型局域网(MicroLAN),图 6-16 为单片机与两个从设备间的接口电路。

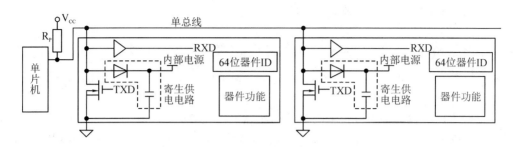

图 6-16 单片机与两个从设备间的单总线接口电路

从图 6-16 中可看出，系统中只用了一根总线，由于主/从设备均采用了开漏结构，所以在单片机与从设备之间使用了一个 4.7 kΩ 的上拉电阻。

单总线的数据传输速率通常为 16.3 kb/s，但其最高速率可达 142 kb/s，因此单总线只能在速率要求不高的场合使用，如单片机测控或数据交换系统（其数据传输速率一般在 100 kb/s 以下）。

2）单总线芯片工作原理

单总线最大的特点是主/从设备间的连线少，有利于长距离的信息交换。主设备在合适的时间内可驱动单总线上的每个从设备（单总线芯片），这是因为每个单总线芯片都有各自唯一的 64 位 ID 地址码。这 64 位 ID 地址码是厂家对每个单总线芯片使用激光刻录的一个 64 位二进制 ROM 代码，其中第一个 8 位表示单总线芯片的分类编号，如可寻址开关 DS2405 的分类编号为 05H，数字温度计 DS1822 的分类编号为 10H 等；后续的 48 位是标识器件本身的序列号，这 48 位序列号是一个大于 281×10^{12} 的十进制编码，所以完全可作为每个单总线芯片的唯一标识代码；最后 8 位为前 56 位的 CRC（Cyclic Redundancy Check）循环冗余校验码。

在数据通信过程中，数据传输正确与否主要通过检验 CRC 码。即在数据通信中，主设备收到 64 位 ID 地址码后，将前 56 位按 CRC 生成多项式：$CRC = X^8 + X^5 + X^4 + 1$，计算出 CRC 的值，并与接收到的 8 位 CRC 值进行比较，若两者相同则表示数据传输正确，否则重新传输数据。

作为单总线从设备的单总线芯片，一般都具有生成 CRC 校验码的硬件电路。而作为单总线的主设备可使用硬件电路生成 CRC 校验码，也可通过软件的方法来产生 CRC 码。感兴趣的读者可参考相关资料。

从图 6-16 还可看出，从设备具有寄生供电电路（Parasite Power）部分。当总线处于高电平时，单总线不仅通过二极管给从设备供电，还可向内部电容器充电；当总线处于低电平时，二极管截止，该单总线芯片由电容器供电，仍可维持工作，但维持工作的时间不长。因此，总线应间隔地输出高电平，确保设备能正常工作。

3. 单总线芯片的传输过程

单总线上虽然能并联多个单总线从设备，但并不意味着主设备能同时与多个从设备进行数据通信。在任一时刻，单总线上只能传输一个控制信号或数据，即主设备一旦选中了某个从设备，就会保持与其通信直至复位，而其他的从设备则暂时脱离总线，在下次复位之前不参与任何通信。

单总线的数据通信包括 4 个过程，即：

（1）初始化。

（2）传送 ROM 命令。

（3）传送 RAM 命令。

（4）数据交换。

单总线上所有设备的信号传输都是从初始化开始的。初始化时，主设备发出一个复位脉冲，一个或多个从设备返回应答脉冲。应答脉冲是从设备告知主设备在单总线上有某些器件，并准备信号交换工作的一种脉冲信号。

单总线协议包括总线上多种时序信号，如复位脉冲、应答脉冲、写信号、读信号等。除应答脉冲外，其他所有信号都来源于主设备，在正常模式下各信号的波形如图 6-17 所示。

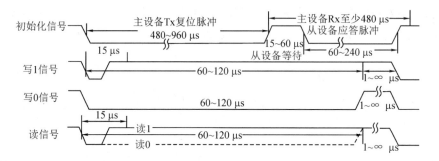

图 6-17 单总线信号波形

主设备 Tx 端首先发送一个 480～960 μs 的低电平信号，并释放总线进入接收状态，而总线经 4.7 kΩ 的上拉电阻变为高电平，时间大约为 15～60 μs。Rx 端监测从设备应答脉冲，监测时间至少需 480 μs 以上。

从设备收到主设备的复位脉冲后，向总线发出一个应答脉冲，表示该从设备准备就绪。通常情况下，从设备等待 15～60 μs 后即可向主设备发送一个 60～240 μs 的低电平应答脉冲信号。

主设备收到从设备的应答脉冲后，开始对从设备进行 ROM 命令和功能命令操作。图 6-17 中标识了写 1、写 0 和读信号时序。在每一个时段内，总线每次只能传输一位数据。所有的读、写操作至少需要 60 μs，并且每两个独立的时序间至少需要 1 μs 的恢复时间。图 6-17 中，读、写操作都是在主设备将总线拉为低电平之后才进行的。在写操作时，主设备在拉低总线 15 μs 之内释放总线，并向从设备写 1；若主设备将总线拉为低电平之后能保持至少 60 μs 的低电平，则向从设备进行写 0 操作。从设备只在主设备发出读操作信号时才向主设备传输数据，所以，当主设备向从设备发出读数据命令后，必须马上进行读操作，以便从设备能传输数据。在主设备发出读操作后，从设备才开始在总线上发送 0 或 1。若从设备发送 1，则总线保持高电平；若发送 0，则将总线拉为低电平。由于从设备发送数据后可保持 15 μs 有效时间，因此，主设备在读操作期间必须释放总线，且需在 15 μs 内对总线状态进行采集，以便接收从设备发送的数据。

ROM 功能命令主要用来管理、识别单总线芯片，实现传统"片选"功能。ROM 功能命令主要包含以下 7 个方面。

（1）读 ROM：主设备读取从设备的 64 位 ID 地址码。该命令用于总线上只有一个从设备的情况。

(2) 匹配 ROM：有多个从设备时，允许主设备对多个从设备进行寻址。从设备将接收到的 ID 地址码与各自的 ID 地址码进行比较，若相同表示该从设备被主设备选中，否则将继续保持等待状态。

(3) 查找 ROM：首次启动后，需识别总线上各器件。

(4) 直访 ROM：系统只有一个从设备时，主设备可不发送 64 位 ID 地址码，直接进入芯片对 RAM 存储器访问。

(5) 超速匹配 ROM：超速模式下对从设备进行寻址。

(6) 超速跳过 ROM：超速模式下，跳过读 ROM 命令。

(7) 条件查找 ROM：可查找输入电压超过设置的报警门限值的某个器件。

当执行以上 7 个命令中的任意一个时，主设备能发送任何一个可使用的命令来访问存储器和控制设备，进行数据交换。

6.2.4 串行 $E^2 PROM$ 存储器的扩展

串行 $E^2 PROM$ 技术是一种非易失性存储器技术，是嵌入式控制的先进技术，串行 $E^2 PROM$ 存储器具有体积小、功耗低、字节写入灵活、性价比高等特点。在串行 $E^2 PROM$ 芯片中，地址与数据的传送方式都是串行方式，不占用系统地址总线和数据总线，但数据传输速率不高，只适合数据传送要求不高的场合。常见的串行 $E^2 PROM$ 主要有二线制 $I^2 C$ 总线的 $E^2 PROM$ 和三线制 SPI 总线的 $E^2 PROM$ 两种。

1. $I^2 C$ 总线的 AT24Cxx 存储器扩展

二线制 $I^2 C$ 串行 $E^2 PROM$ 存储器主要包括美国 Atmel 公司的 AT24Cxx 系列、美国 Catalyst 公司的 CAT24WCxx 系列、Microchip 公司的 24Cxx 系列、National 公司的 NM24Cxx 系列等。其中，Atmel 公司生产的 AT24Cxx 系列产品比较典型。

Atmel 公司生产的 AT24Cxx 系列有 AT24C01(A)/02/04/08/16/32/64 等型号，它们对应的存储容量分别是(128/256/512/1K/2K/4K/8K)×8 位。

AT24C01(A)/02/04/08/16 是 Atmel 公司 AT24Cxx 系列的典型产品，其外部封装形式、引脚功能及内部结构类似，只是存储容量不同。

1) AT24Cxx 外部封装及引脚功能

AT24C01(A)/02/04/08/16 $E^2 PROM$ 存储器均有 8 个引脚，采用 PDIP 和 SOIC 两种封装形式，如图 6-18 所示，各引脚功能如下：

(1) A0、A1、A2：片选或页面选择地址输入。选用不同的 $E^2 PROM$ 存储器芯片时其意义不同，但都要接固定电平，用于多个器件级联时的寻址芯片。

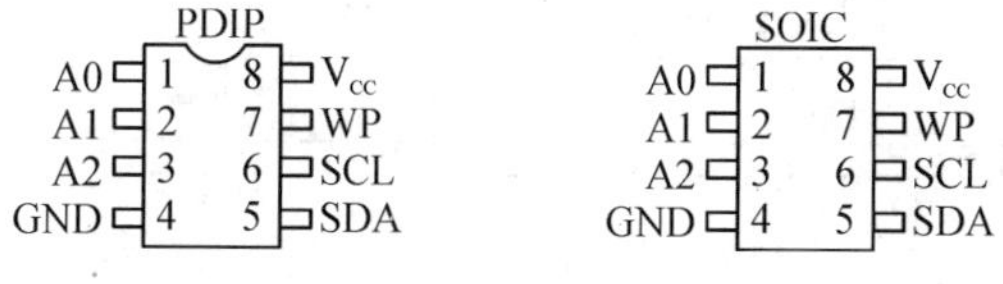

图 6-18 AT24C01(A)/02/04/08/16 的封装形式

对于 AT24C01(A)/02 $E^2 PROM$ 存储器芯片，A0、A1、A2 用于芯片寻址，通过与其

所接的硬接线逻辑电平相比较判断芯片是否被选用。在总线上最多可连接 8 片 AT24C01 (A)/02 存储器芯片。

对于 AT24C04 E^2PROM 存储器芯片，采用 A1、A2 作为片选，A0 悬空。在总线上最多可连接 4 片 AT24C04。

对于 AT24C08 E^2PROM 存储器芯片，采用 A2 作为片选，A1、A0 悬空。在总线上最多可连接 2 片 AT24C08。

对于 AT24C16 E^2PROM 存储器芯片，A0、A1、A2 都悬空。这 3 位地址作为页地址位 P0、P1、P2。在总线上只能接一片 AT24C16。

(2) GND：地线。

(3) SDA：串行数据(/地址)I/O 端，用于串行数据的输入/输出。这个引脚是漏极开路驱动，可以与任何数量的漏极开路或集电极开路器件"线或"连接。

(4) SCL：串行时钟输入端，用于同步输入/输出数据。在其上升沿时串行写入数据，在下降沿时串行读取数据。

(5) WP：写保护，用于硬件数据的保护。WP 接地时，对整个芯片进行正常的读/写操作；WP 接电源 V_{CC} 时，对芯片进行数据写保护。其保护范围如表 6-2 所示。

表 6-2　WP 端的保护范围

WP 引脚状态	被保护的存储单元部分				
	AT24C01(A)	AT24C02	AT24C04	AT24C08	AT24C16
接 V_{CC}	1 KB 全部阵列	2 KB 全部阵列	4 KB 全部阵列	正常读/写操作	上半部 8 KB 阵列
接地	正常读/写操作				

(6) V_{CC}：电源电压，接 +5 V。

2）AT24Cxx 内部结构

AT24Cxx 的内部结构如图 6-19 所示，由启动和停止逻辑、芯片地址比较器、串行控制逻辑、数据字地址计数器、译码器、高压发生器/定时器、存储矩阵、数据输出等部分组成。

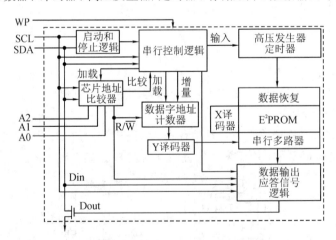

图 6-19　AT24Cxx 内部结构框图

3）AT24Cxx 命令字节格式

主器件发送"启动"信号后，再发送一个 8 位的含有芯片地址的控制字对从器件进行片选。这 8 位片选地址字由 3 部分组成：第一部分是 8 位控制字的高 4 位（D7～D4），固定值为 1010，它是 I^2C 总线器件的特征编码；第二部分是最低位 D0，D0 位是读/写选择位 R/$\overline{W}$，决定微处理器对 E^2PROM 进行读/写操作，R/$\overline{W}$＝1 表示读操作，R/$\overline{W}$＝0 表示写操作；剩余三位为第三部分，即 A0、A1、A2，根据芯片的容量不同，其定义也不相同。表 6－3 为 AT24Cxx E^2PROM 芯片的地址安排（表中 P2、P1、P0 为页地址位）。

表 6－3　AT24Cxx E^2PROM 芯片的地址安排

型　号	容量（×8 位）	地　　　　址								可扩展数目
AT24C01(A)	128	1	0	1	0	A2	A1	A0	R/$\overline{W}$	8
AT24C02	256	1	0	1	0	A2	A1	A0	R/$\overline{W}$	8
AT24C04	512	1	0	1	0	A2	A1	P0	R/$\overline{W}$	4
AT24C08	1KB	1	0	1	0	A2	P1	P0	R/$\overline{W}$	2
AT24C016	2KB	1	0	1	0	P2	P1	P0	R/$\overline{W}$	1
AT24C032	4KB	1	0	1	0	A2	A1	A0	R/$\overline{W}$	8
AT24C064	8KB	1	0	1	0	A2	A1	A0	R/$\overline{W}$	8

4）时序分析

（1）SCL 和 SDA 的时钟关系。

AT24Cxx E^2PROM 存储器采用二线制传输，遵循 I^2C 总线协议。SCL 和 SDA 的时钟关系与 I^2C 协议中规定的相同。加载 SDA 的数据只有在串行时钟 SCL 处于低电平时钟周期内才能改变。SDA 与 SCL 时钟关系如图 6－20 所示。

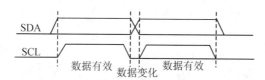

图 6－20　AT24Cxx SDA 和 SCL 时钟关系

（2）启动和停止信号。

当 SCL 处于高电平时，SDA 由高电平变为低电平表示"启动"信号；如果 SDA 由低电平变为高电平，表示"停止"信号。启动与停止信号如图 6－21 所示。

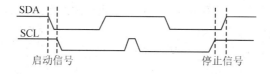

图 6－21　AT24Cxx 启动与停止信号

（3）应答信号。

应答信号是由接收数据的存储器发出的，每个正在接收数据的 E^2PROM 收到一个字节数据后，需发出一个"0"应答信号 ACK；单片机接收完存储器的数据后，也需发出一个应答信号。ACK 信号在主器件 SCL 时钟线的第 9 个周期出现。

在应答时钟第 9 个周期时，SDA 线变为低电平，表示已收到一个 8 位数据。若主器件没有发送一个应答信号，器件将停止数据的发送，且等待一个停止信号。应答信号如图6-22所示。

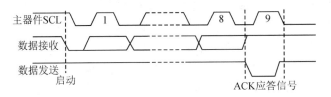

图 6-22　应答信号

5）读/写操作

AT24C01/02/04/08/16 系列 E^2 PROM 从器件地址的最后一位为 R/$\overline{W}$（读/写）位，R/$\overline{W}=1$ 执行读操作，R/$\overline{W}=0$ 执行写操作。

（1）读操作。

读操作包括立即地址读、随机地址读、顺序地址读。

① 立即地址读。

AT24C01/02/04/08/16 E^2 PROM 在上次读/写操作完成之后，其地址计数器的内容为最后操作字节的地址加 1，即最后一次读/写操作的字节地址为 N，立即地址读从地址（N+1）开始。只要芯片不掉电，这个地址在操作中会一直保持有效。在读操作方式下，其地址会自动循环覆盖。即地址计数器为芯片最大地址值时，计数器自动翻转为"0"，且继续输出数据。

AT24C01/02/04/08/16 E^2 PROM 接收到主器件发来的从器件地址，且 R/$\overline{W}=1$ 时，相应的 E^2 PROM 发出一个应答信号 ACK，然后发送一个 8 位字节数据。主器件接收到数据后，不需发送应答信号，但需产生一个停止信号。立即地址读如图 6-23 所示。

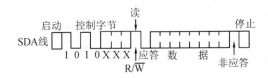

图 6-23　AT24Cxx 立即地址读

② 随机地址读。

随机地址读通过一个"伪写入"操作形式，对要寻址的 E^2 PROM 存储单元进行定位，然后执行读出。随机地址读允许主器件对存储器的任意字节进行读操作，主器件首先发送启动信号、从器件地址、读取字节数据的地址，执行一个"伪写入"操作。在从器件应答之后，主器件重新发送启动信号、从器件地址，此时 R/$\overline{W}=1$，从器件发送一个应答信号之后输出所需读取的一个 8 位数据，主器件不发送应答信号，但产生一个停止信号，如图 6-24 所示。

图 6-24　AT24Cxx 随机读

③ 顺序地址读。

顺序地址读可以通过立即地址读或随机地址读操作启动。在从器件发送完一个数据后,主器件发出应答信号,告诉从器件需发送更多的数据。对应每个应答信号,从器件将发送一个数据,当主器件发送的不是应答信号而是停止信号时,操作结束。从器件输出的数据按顺序从 n 到 n+i,地址计数器的内容相应累加,计数器也会产生翻转继续输出数据。顺序地址读如图 6-25 所示。

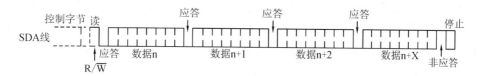

图 6-25　AT24Cxx 顺序地址读

(2) 写操作。

写操作包括字节写、页面写和写保护。

① 字节写。

每一次启动串行总线时,字节写操作方式只能向从器件写入一个字节。主器件向从器件发出"启动"信号和从器件地址,从器件收到并产生应答信号后,主器件再次发送从器件 AT24C01(A)/02/04/08/16 的字节地址,从器件将再发送另一个相应的应答信号,主器件收到后会向被寻址的存储单元发送数据,从器件再一次发出应答,而且在主器件产生停止信号后才进行内部数据的写操作,从器件在写的过程中不再响应主器件的任何请求。字节写如图 6-26 所示。

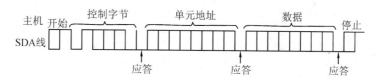

图 6-26　AT24C01(A)/02/04/08/16 字节写

② 页面写。

页面写操作方式启动一次 I^2C 总线,AT24C01(A)可写入 8 个字节数据,AT24C02/04/08/16 可写入 16 个字节数据。页面写与字节写不同,传送一个字节后,主器件并不产生停止信号,而是发送 P 个(AT24C01(A):P=7,AT24C02/04/08/16:P=15)额外字节,每发送一个数据后,从器件发送一个应答位,并将地址低位自动加 1,高位不变。页面写如图 6-27 所示。

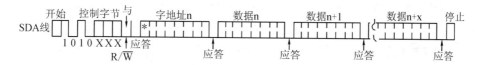

图 6-27　AT24C01(A)/02/04/08/16 页面写

③ 写保护。

当存储器的 WP 引脚接高电平时,可将存储器区全部保护起来,以避免用户操作不当改写存储器数据,该操作可将存储器变为只读状态。

6）AT24Cxx 的应用

下面以具体实例介绍 AT24Cxx 的应用。

【例 6 - 1】　编制 AT24Cxx 的读/写操作程序。要求先将跑马灯的数据写入 AT24C04 中，再将数据逐个读出送至 P1 端口，使发光二极管进行相应的显示。

（1）任务分析。

根据任务要求，AT24C04 的读/写操作显示的电路原理图如图 6 - 28 所示。AT24C04 是位容量为 4K 位、字节容量为 512 字节的 E^2PROM 芯片。要完成任务操作，应先将花样灯显示数据写入 AT24C04 中，然后单片机将这些数据依次从 AT24C04 中读取出来并送往 P1 端口进行显示。由于单片机只外扩了一片 AT24C04，因此作为从机的 AT24C04 的地址为 1010000x（x 为 1 表示执行读操作，x 为 0 表示执行写操作）。

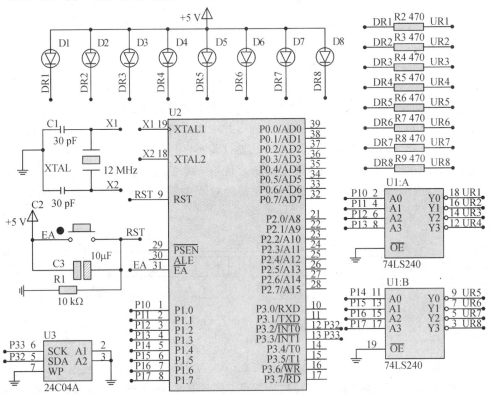

图 6 - 28　AT24Cxx 的读/写操作显示的电路原理图

对 AT24C04 进行读操作时，其流程为：单片机对其发送启动信号→发送 AT24C04 的从机地址→指定存储单元地址→重新发送启动信号→发送从机读寻址→读取数据→发送停止信号。对 AT24C04 进行写操作时，其流程为：单片机对其发送启动信号→发送 AT24C04 的从机地址→指定存储单元地址→写数据→发送停止信号。

（2）编写 C51 程序。具体程序如下：

```
# include <reg51. h>
# include <intrins. h>
# define uint    unsigned int
# define uchar unsigned char
```

```
#define    OP_READ 0xA1                    // 器件地址以及读取操作
#define    OP_WRITE 0xA0                   // 器件地址以及写入操作
#define    MAX_ADDR 0x7F                   // AT24C04 最大地址
#define    LED    P1                       // 8 只发光二极管与 P1 端口连接
sbit SDA = P3^2;
sbit SCL = P3^3;
uchar dis_code[]={0x01,0x02,0x04,0x08,0x10,0x20,0x40,0x80}; //写入到 AT24C04 的数据串
void delay500(uint ms)
{
    uint i;
    while(ms--)
    {
        for(i = 0; i < 230; i++);
    }
}
void start()                               // 开始位
{
    SDA = 1;
    SCL = 1;
    _nop_();
    _nop_();
    SDA = 0;
    _nop_();
    _nop_();
    _nop_();
    _nop_();
    SCL = 0;
}
void stop()                                // 停止位
{
    SDA = 0;
    _nop_();
    _nop_();
    SCL = 1;
    _nop_();
    _nop_();
    _nop_();
    _nop_();
    SDA = 1;
}
uchar shin()                               // 从 AT24Cxx 移入数据到 MCU
{
    uchar i, read_data;
```

```
    for(i = 0; i < 8; i++)
    {
        SCL = 1;
        read_data <<= 1;
        read_data |= (uchar)SDA;
        SCL = 0;
    }
    return(read_data);
}
bit shout(uchar write_data)                    // 从 MCU 移出数据到 AT24Cxx
{
    uchar i;
    bit ack_bit;
    for(i = 0; i < 8; i++)                      // 循环移入 8 个位
    {
        SDA = (bit)(write_data & 0x80);
        _nop_();
        SCL = 1;
        _nop_();
        _nop_();
        SCL = 0;
        write_data <<= 1;
    }
    SDA = 1;                                     // 读取应答
    _nop_();
    _nop_();
    SCL = 1;
    _nop_();
    _nop_();
    _nop_();
    _nop_();
    ack_bit = SDA;
    SCL = 0;
    return ack_bit;                              // 返回 AT24Cxx 应答位
}
void write_byte(uchar addr, uchar write_data)   //在指定地址 addr 处写入数据 write_data
{
    start();
    shout(OP_WRITE);
    shout(addr);
    shout(write_data);
    stop();
    delay500(10);                                // 写入周期
```

```
        }
        void fill_byte(uchar fill_data)                 // 填充数据 fill_data 到 AT24Cxx 内
        {
            uchar i;
            for(i = 0; i < MAX_ADDR; i++)
            {
                write_byte(i, fill_data);
            }
        }
        uchar read_current()                            // 在当前地址读取
        {
            unsigned char read_data;
            start();
            shout(OP_READ);
            read_data = shin();
            stop();
            return read_data;
        }
        uchar read_random(uchar random_addr)            //在指定地址读取
        {
            start();
            shout(OP_WRITE);
            shout(random_addr);
            return(read_current());
        }
        void main(void)
        {
            unsigned char i;
            SDA = 1;
            SCL = 1;
            fill_byte(0x00);                            // 全部填充 0x00
            for(i = 0 ; i < 8; i++)                      //写入显示代码到 AT24Cxx
            {
                write_byte(i, dis_code[i]);
            }
            i = 0;
            while(1)
            {
                LED = read_random(i);                   // 循环读取 AT24Cxx 内容，并输出到 P1 端口
                i++;
                i &= 0x07;                               // 循环读取范围为 0x00～0x07
                delay500(250);
            }
```

}

2. SPI 总线的 93C46 存储器扩展

三线制 SPI 串行 E²PROM 存储器主要包括美国 Atmel 公司的 AT250xx 系列、Microchip 公司的 93Cxx 系列等产品。其中 93C46 是比较典型的产品，存储容量为 1024 位，可配置为 16 位（ORG 引脚接 V_{CC}）或者 8 位（ORG 引脚接 V_{SS}）的寄存器。

1）93C46 外部封装及引脚功能

93C46 E²PROM 是采用 CMOS 工艺制成的 8 引脚串行可用电擦除可编程只读存储器，有 PDIP 和 SOIC 等封装形式，如图 6-29 所示，各引脚的功能如下：

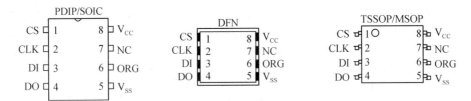

图 6-29 93C46 的封装形式

（1）CS：片选端，高电平选通器件。CS 为低电平时，释放器件使其进入待机模式。

（2）CLK：串行时钟输入端，用来同步主器件与 93C46 器件之间的通信。操作码、地址和数据在 CLK 上升沿时按位移入；同样，数据在 CLK 的上升沿时按位移动。

（3）DI：数据输入端，用来与 CLK 输入同步地移入起始位、操作码、地址和数据。

（4）DO：数据输出端，在读取模式中，用来与 CLK 输入同步地输出数据。

（5）V_{SS}：电源地。

（6）ORG：存储器配置端，该引脚连接到 V_{CC} 或逻辑高电平时，配置为 16 位存储器架构；连接到 V_{SS} 或逻辑低电平时，选择为 8 位存储器架构。进行正常操作时，ORG 必须连接到有效的逻辑电平。

（7）NC：未使用。

（8）V_{CC}：电源电压。

2）93C46 内部结构

93C46 内部结构如图 6-30 所示。它由存储器阵列、地址译码器、地址计数器、数据寄存器、方式译码逻辑、输出缓冲器、时钟发生器等组成。ORG 为高电平时选择 16 位（64×16）的存储器架构，ORG 为低电平时选择 8 位（128×8）的存储器架构。数据寄存器储存传输的串行数据（这些串行数据包括指令、地址和写入的数据），再由方式译码逻辑与内部时钟发生器，在指定的地址对数据作读取或写入动作。

3）93C46 指令集

93C46 是 SPI 接口 E²PROM，其容量为 1024 位，被 ORG 配置为 128 个字节（8 bit）或 64 个字节（16 bit）。93C46 有专门的 7 条指令实现各种操作，包括字节/字的读取、字节/字的写入、字节/字的擦除、全擦与全写。这 7 条指令的格式如表 6-4 所示。

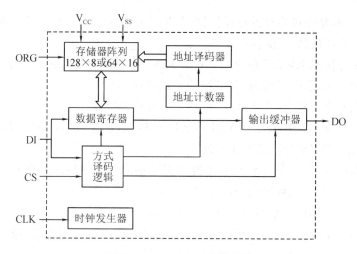

图 6-30　93C46 的内部结构

表 6-4　93C46 指令格式

指令	功能描述	起始位	操作代码	ORG＝0(128×8)			ORG＝1(64×16)		
				地址	数据		地址	数据	
					DI	DO		DI	DO
READ	读取数据	1	10	A6～A0	—	D7～D0	A5～A0	—	D15～D0
WRITE	写入数据	1	01	A6～A0	D7～D0	(RDY/$\overline{\text{BSY}}$)	A5～A0	D15～D0	(RDY/$\overline{\text{BSY}}$)
EWEN	擦/写使能	1	00	11XXXXX		高阻态	11XXXX		高阻态
EWDS	擦/写禁止	1	00	00XXXXX	—	高阻态	00XXXX	—	高阻态
ERASE	擦字节或字	1	11	A6～A0		(RDY/$\overline{\text{BSY}}$)	A5～A0		(RDY/$\overline{\text{BSY}}$)
ERAL	擦全部	1	00	10XXXXX		(RDY/$\overline{\text{BSY}}$)	10XXXX		(RDY/$\overline{\text{BSY}}$)
WRAL	用同一数据写全部	1	00	01XXXXX	D7～D0	(RDY/$\overline{\text{BSY}}$)	01XXXX	D15～D0	(RDY/$\overline{\text{BSY}}$)

　　指令的最高位(起始位)为 1，作为控制指令的起始值。后序是两位操作代码，最后是 6 位或 7 位地址码。93C46 在 Microwire 系统中作为从器件，其 DI 引脚用于接收以串行格式发来的命令、地址和数据信息，信息的每一位均在 CLK 的上升沿读入 93C46。无论 93C46 进行何种操作，必须先将 CS 置位 1，然后在同步时钟作用下，把 9 位或 10 位串行指令依次写入片内。在未完成这条指令所必需的操作之前，芯片拒绝接收新的指令。在不对芯片操作时，宜将 CS 置为低电平，使芯片处于等待状态，以降低功耗。

　　读取数据指令(READ)：当 CS 为高电平时，芯片在收到读命令和地址后，从 DO 端串行输出指定单元内容(高位在前)。

　　写入数据指令(WRITE)：当 CS 为高电平时，芯片在收到写命令和地址后，从 DI 端接收串行输入 16 位或 8 位数据(高位在前)。在下一个时钟上升沿到来前将 CS 端置为 0(低电平保持时间不小于 250 ns)，再将 CS 恢复为 1，写操作启动。此时 DO 端由 1 变成 0，表示芯片处于写操作的"忙"状态。芯片在写入数据前，会自动擦除待写入单元的内容，当写操作完成后，DO 端变成 1，表示芯片处于"准备好"状态，可以接收新命令。

　　擦/写禁止指令(EWDS)和擦/写使能指令(EWEN)：芯片收到 EWDS 命令后进入到

擦/写禁止状态，不允许对芯片进行任何擦/写操作，芯片上电时自动进入擦/写禁止状态。此时，若想对芯片进行擦/写操作，必须先发送 EWEN 命令，可防止干扰或其他原因引起的误操作。芯片接收到 EWEN 命令后，进入到擦/写允许状态，允许对芯片进行擦/写操作。读 READ 命令不受 EWDS 和 EWEN 命令的影响。

用同一数据写全部指令（WRAL）：将特定内容整页写入。

擦字节或字指令（ERASE）：用于擦除指定地址的数据位内容，擦除后该地址的内容为 1，该指令需要在 EWEN 的状态下才有效。

擦全部指令（ERAL）：擦除整个芯片的数据位内容，擦除后芯片所有地址的数据位内容均为 1，该指令需要在 EWEN 的状态下才有效。

当进行擦全部和用同一数据写全部时，在接收完命令和数据，CS 从 1 变为 0 再恢复为 1（低电平保持时间不小于 250 ns）后，启动擦全部或用同一数据写全部，擦除和写入均为自动定时方式。在自动定时方式下，不需要 CLK 时钟。

4）93C46 的应用

下面以具体实例介绍 93C46 的应用。

【例 6 - 2】 编写 93C46 的读/写操作程序。要求先将拉幕式花样灯的数据写入 93C46 中，再将数据逐个读出送至 P1 端口，使发光二极管进行相应的显示。

（1）任务分析。

93C46 的读/写操作显示的电路原理图如图 6 - 31 所示，图中 93C46 的 ORG 引脚与地线连接，将 93C46 配置为 8 位存储器架构。

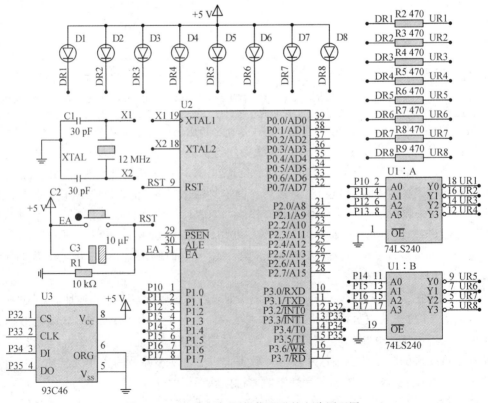

图 6 - 31　93C46 读/写操作显示的电路原理图

（2）编写 C51 程序，具体程序如下：

```c
#include <reg51.h>
#include <intrins.h>
#define   uint   unsigned int
#define   uchar unsigned char
#define   LED   P1
sbit CS = P3^4;
sbit SK = P3^3;
sbit DI = P3^5;
sbit DO = P3^6;
uchar code dis_code[] = {0x81, 0x42, 0x24, 0x18, 0x24, 0x42, 0x81, 0x00};
void delayms(uchar ms)
{
    uchar i;
    while(ms--)
    {
        for(i = 0; i < 230; i++);
    }
}
void inop(uchar op_h, uchar op_l)
{
    uchar i;
    SK = 0;                      //开始位
    DI = 1;
    CS = 1;
    _nop_();
    _nop_();
    SK = 1;
    _nop_();
    _nop_();
    SK = 0;                      //开始位结束
    DI = (bit)(op_h & 0x80);     //先移入指令码高位
    SK = 1;
    op_h <<= 1;
    SK = 0;
    DI = (bit)(op_h & 0x80);     //移入指令码次高位
    SK = 1;
    _nop_();
    _nop_();
    SK = 0;
    op_l <<= 1;                  //移入余下的指令码或地址数据
    for(i = 0; i < 7; i++)
    {
```

```
        DI = (bit)(op_l & 0x80);    //先移入高位
        SK = 1;
        op_l <<= 1;
        SK = 0;
    }
    DI = 1;
}
void ewen()
{
    inop(0x00, 0x60);              //允许写
    CS= 0;
}
void ewds()
{
    inop(0x00, 0x00);              //禁止写
    CS= 0;
}
void erase()
{
    inop(0x00, 0x40);              //擦除
    delayms(15);
    CS = 0;
}
void shin(uchar indata)            //移入数据
{
    uchar i;
    for(i = 0; i < 8; i++)
    {
        DI = (bit)(indata & 0x80);
        SK = 1;
        indata <<= 1;
        SK = 0;
    }
    DI = 1;
}
uchar shout(void)                  //移出数据
{
    uchar i, out_data;
    for(i = 0; i < 8; i++)
    {
        SK = 1;
        out_data <<= 1;
        SK = 0;
```

```
        out_data |= (uchar)DO;
    }
    return(out_data);
}
void write(uchar addr, uchar indata)        //写入数据 indata 到 addr
{
    inop(0x40, addr);                       //写入指令和地址
    shin(indata);
    CS = 0;
    delayms(10) ;
}
uchar read(uchar addr)                      //读取 addr 处的数据
{
    uchar out_data;
    inop(0x80, addr);                       //读取数据和地址
    out_data = shout();
    CS = 0;
    return out_data;
}
void   main(void)
{
    uchar i;
    CS = 0;                                 //初始化端口
    SK = 0;
    DI = 1;
    DO = 1;
    ewen();                                 //使能写入操作
    erase();                                //擦除全部内容
    for(i = 0; i < 8; i++)                  //写入显示代码到 AT93C46
    {
        write(i, dis_code[i]);
    }
    ewds();                                 //禁止写入操作
    i = 0;
    while(1)
    {
        LED = read(i);                      //循环读取 AT93C46 内容, 并输出到 LED
        i++;
        i &= 0x07;                          //循环读取地址为 0x00~0x07
        delayms(250);
    }
}
```

6.3　I/O 端口扩展

单片机通过串行口实现"串入并出"式 I/O 端口的扩展及"并入串出"式 I/O 端口的扩展时，均占用了单片机串行口，而串行口是专用于串行通信的，所以通常使用专用的 I/O 扩展芯片来实现 I/O 端口的扩展。I/O 扩展芯片技术包括并行扩展技术以及串行扩展技术两大类型，当前以串行扩展技术为主流。本节分别以 PCF8574 和 MAX7219 为例讲述在串行总线下 I/O 端口的扩展。

6.3.1　I^2C 总线 PCF8574 的 I/O 端口扩展

PCF8574 为 COMS 器件，通过两条双向总线(I^2C)可使大多数单片机实现远程 I/O 端口扩展。该器件包含一个 8 位准双向口和一个 I^2C 总线接口。PCF8574 电耗很低，且输出端口具有大电流驱动能力，可直接驱动 LED。它还带有一条中断接线($\overline{INT}$)，可与单片机的中断逻辑相连。通过 $\overline{INT}$ 发送中断信号，远程 I/O 端口不必经过 I^2C 总线通信即可通知单片机是否有数据从端口输入。

1. PCF8574 封装形式及引脚功能

PCF8574 通常采用 DIL(Dual In-Line，双直列封装)、SO(Small Outline，小外形封装)、SSOP(Shrink Small Outline Package，窄间距小外形封装)3 种封装形式。采用 SO 封装形式的引脚配置如图 6-32 所示，各引脚功能如下：

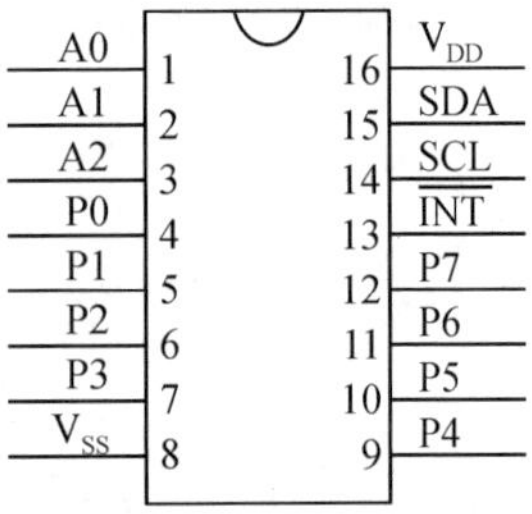

(1) A0、A1、A2：片选或选择地址输入。

(2) P0～P7：准双向 I/O 端口。

(3) V_{SS}：地线。

图 6-32　PCF8574 的 SO 封装引

(4) $\overline{INT}$：中断输入，低电平有效。

(5) SCL：串行时钟输入端口，用于输入/输出数据的同步。在其上升沿时串行写入数据，在下降沿时串行读取数据。

(6) SDA：串行数据(/地址)I/O 端口，用于串行数据的输入/输出。该引脚是漏极开路驱动，可以与任何数量的漏极开路或集电极开路器件"线或"连接。

(7) V_{DD}：电源电压，接 +5 V。

2. PCF8574 内部结构

PCF8574 的内部结构如图 6-33 所示，主要由准双向 I/O 端口、低通滤波器、中断逻辑、输入滤波器、I^2C 总线控制器、移位寄存器等部分组成。

3. 准双向 I/O 端口

PCF8574 的准双向 I/O 端口可用作输入和输出而不需要通过控制寄存器定义数据的方向。该模式中只有 V_{DD} 提供的电流有效，上电时，I/O 端口为高电平。在大负载输出时提供额外的强上拉以使电平迅速上升。当输出写为高电平时，打开强上拉，在 SCL 的下降沿关闭上拉。I/O 端口用作输入端口前，I/O 应当为高电平。

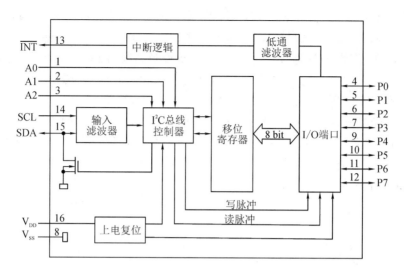

图 6-33　PCF8574 内部结构

4. PCF8574 的 I/O 端口扩展应用

使用 PCF8574 进行 I/O 端口扩展，实现发光二极管 D1～D8 进行花样灯显示控制。显示顺序规律为：① 8 个 LED 依次左移点亮；② 8 个 LED 依次右移点亮；③LED0、LED2、LED4、LED6 亮 1 s 熄灭，LED1、LED3、LED5、LED7 亮 1 s 熄灭，然后 LED0、LED2、LED4、LED6 亮 1 s 熄灭，…，循环 3 次；④ LED0～LED3 亮 1 s 熄灭，LED4～LED7 亮1 s 熄灭，然后 LED0～LED3 亮 1 s 熄灭，…，循环 2 次；⑤LED2、LED3、LED6、LED7 亮1 s 熄灭，LED0、LED1、LED4、LED5 亮 1 s 熄灭，然后 LED2、LED3、LED6、LED7 亮1 s熄灭，…，循环 3 次，然后再从①进行循环。

1）任务分析

PCF8574 的 8 位准双向口可作为扩展 I/O 端口使用，在本应用中，其硬件电路如图6-34所示。

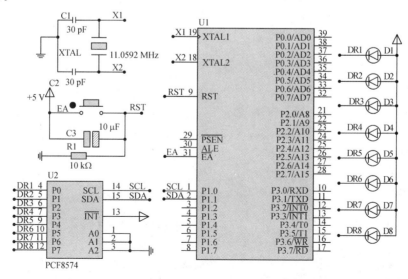

图 6-34　PCF8574 的 I/O 端口扩展应用电路原理图

　　由于本应用的花样灯显示较复杂，因此可建立一个一维数组的显示数据。如果想显示不同的花样，只需将数组中的代码更改就可实现。

　　PCF8574 属于 I²C 总线器件，由 SCL 和 SDA 两根总线构成，要根据 I²C 总线工作时序进行数据的发送与接收。由于 PCF8574 只负责将花样灯显示数据传送给发光二极管 D1～D8，因此在本应用中，它是被控接收器，只存在单片机向其发送数据的单向过程。PCF8574 向发光二极管 D1～D8 发送花样灯显示数据时，首先启动 I²C 总线，再写入器件地址，然后等待应答信号。接收到等待信号后，发送显示数据，然后等待该数据发送。如果数据发送完毕，则停止 I²C 总线。

　　2）编写 C51 程序

　　具体程序如下：

```
#include<reg51.h>
#include<intrins.h>
#define uint unsigned int
#define uchar unsigned char
sbit    sda=P1^1;
sbit    scl=P1^0;
uchar discode[]={0xfe, 0xfd, 0xfb, 0xf7, 0xef, 0xdf, 0xbf, 0x7f, //正向流水灯
                0xbf, 0xdf, 0xef, 0xf7, 0xfb, 0xfd, 0xfe, 0xff, //反向流水灯
                0xaa, 0x55, 0xaa, 0x55, 0xaa, 0x55, 0xff, //隔灯闪烁
                0xf0, 0x0f, 0xf0, 0x0f, 0xff,            //高4盏低4盏闪烁
                0x33, 0xcc, 0x33, 0xcc, 0x33, 0xcc, 0xff}; //隔两盏闪烁
void delay500(uchar ms)
{                                        //延时子程序
    uchar i;
        while(ms－－)
        {
            for(i=0; i<230; i++);
        }
}
void delay()
{ ; ; }
void init_pcf8574()                      //PCF8574 程序初始化
{
    sda=1;
    delay();
    scl=1;
    delay();
}
void start()                             //I²C 开始条件，启动 PCF8574
{
    sda=1;                               //发送起始条件的数据信号
    _nop_();
```

```
        scl＝1;
        _nop_();                        //起始条件建立时间大于 4.7 μs，延时
        _nop_();
        _nop_();
        _nop_();
        _nop_();
        sda＝0;                          //发送起始信号
        _nop_();                        //起始条件建立时间大于 4.7 μs，延时
        _nop_();
        _nop_();
        _nop_();
        _nop_();
        scl＝0;                          //钳住 I²C 总线，准备发送或接收数据
        _nop_();
        _nop_();
    }
    void stop()                         //I²C 停止，PCF8574 发送结束
    {
        sda＝0;                          //发送结束条件的数据信号
        _nop_();                        //发送结束条件的时钟信号
        scl＝1;                          //结束条件建立时间大于 4 μs
        _nop_();
        _nop_();
        _nop_();
        _nop_();
        _nop_();
        sda＝1;                          //发送 I²C 总线结束信号
        _nop_();
        _nop_();
        _nop_();
        _nop_();
    }
    void respons()                      //应答
    {
        sda＝0;
        _nop_();
        _nop_();
        _nop_();
    scl＝1;                              //时钟低电平周期大于 4 μs
        _nop_();
        _nop_();
        _nop_();
        _nop_();
```

```
            _nop_();
            scl=0;                      //清时钟线,钳住 I²C 总线以便继续接收
            _nop_();
            _nop_();


    }
    void write_byte (uchar date)        //写操作
    {
        uchar i;
        for(i=0; i<8; i++)              //要传送的数据长度为 8 位
        {
            date<<=1;
            scl=0;
            delay();
            sda=CY;
            delay();
            scl=1;
            delay();
        }
            scl=0;
            delay();
            sda=1;
            delay();                    //释放总线
    }
    void write_pcf8574(uchar date)      //写入 PCF8574 一字节数据
    {
        start();                        //开始信号
        write_byte(0x40);               //写入器件地址 RW 为 0
        respons();                      //应答信号
        write_byte(date);               //写入数据
        respons();                      //应答信号
        stop();                         //停止信号
    }
    void disp(void)
    {
        uchar i;                        //定义 i 为循环次数,j 为暂存移位值
        for(i=0; i<35; i++)             //左移 8 次
        {
            write_pcf8574(discode[i]);
            delay500(1000);
        }
    }
    void main()
```

```
{
    init_pcf8574 ();
    while(1)
    { disp(); }
}
```

6.3.2 SPI 总线 MAX7219 数码管的 I/O 端口扩展

一般情况下，多位 LED 数码管的显示方式有静态显示和动态显示两种。不管是静态显示还是动态显示，单片机都在并行 I/O 端口状态或存储器方式下工作，需要占用比较多的 I/O 端口线。如果采用 MAX7219 作为 LED 数码管的 I/O 端口扩展电路，则只需占用单片机的 3 根线就可实现 8 位 LED 的显示驱动和控制。

MAX7219 是美国 MAXIN(美信)公司生产的串行输入/输出共阴极显示驱动芯片。采用 3 线制串行接口技术进行数据的传送，可直接与单片机连接，用户能方便地修改内部参数实现多位 LED 数码管的显示。MAX7219 片内含有硬件动态扫描显示控制，每块芯片可驱动 8 个 LED 数码管。

1. MAX7219 外部封装及引脚功能

MAX7219 是 7 段共阴极 LED 显示器的驱动器，采用 24 引脚的 DIP 和 SO 两种封装形式，其外形封装如图 6-35 所示。

MAX7219 LED 驱动器各引脚功能如下：

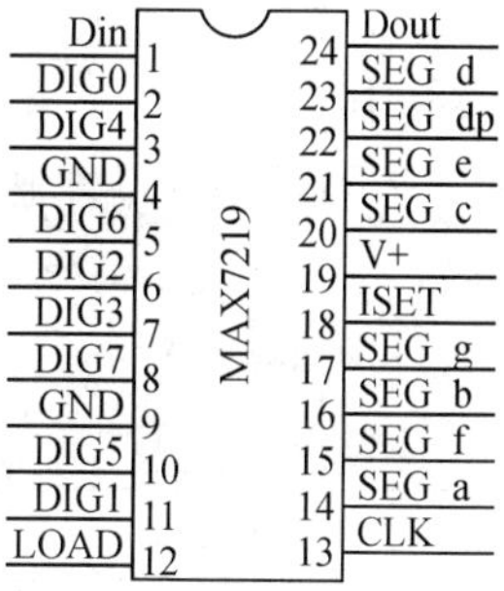

（1）Din：串行数据输入端。在 CLK 的上升沿，数据被锁入 16 位内部移位寄存器中。

（2）DIG0～DIG7：8 位数码管驱动线，输出位选信号，从数码管的共阴极吸收电流。

（3）GND：地线。

（4）LOAD：装载数据控制端。在 LOAD 的上升沿，最后送入的 16 位串行数据被锁存到移位寄存器中。

图 6-35 MAX7219 外形封装

（5）CLK：串行时钟输入端，最高输入频率为 10 MHz。在 CLK 的上升沿，数据被送入内部移位寄存器；在 CLK 的下降沿，数据从 Dout 端输出。

（6）SEG a～SEG g：LED 7 段显示器段驱动端，用于驱动当前 LED 段码。

（7）SEG dp：小数点驱动端。

（8）ISET：LED 段峰值电流设置端。ISET 端通过一只电阻与电源 V＋相连，调节电阻值，改变 LED 段提供峰值电流。

（9）V＋：＋5 V 电源。

（10）Dout：串行数据输出端。进入 Din 的数据在 16.5 个时钟后送到 Dout 端，Dout 在级联时传送到下一片 MAX7219 的 Din 端。

2. MAX7219 内部结构

MAX7219 的内部结构如图 6-36 所示，主要由段驱动器、段电流基准、二进制 ROM、数位驱动器、5 个控制寄存器、16 位移位寄存器、8×8 双端口 SRAM、地址寄存器和译码器、亮度脉宽调制器、多路扫描电路等部分组成。

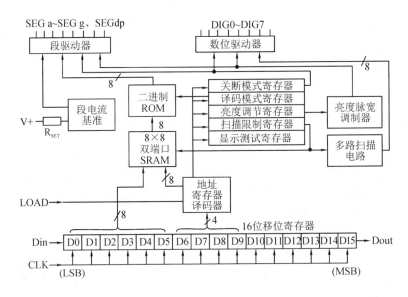

图 6 - 36　MAX7219 内部结构

数位驱动器用于选择某位 LED 显示。串行数据以 16 位数据包的形式从 Din 引脚输入，在 CLK 的每个上升沿时，不管 LOAD 引脚的工作状态如何，数据都会逐位串行送入片内 16 位移位寄存器中。在第 16 个 CLK 上升沿出现的同时或之后，下一个 CLK 上升沿之前，LOAD 必须变为高电平，否则移入移位寄存器的数据将丢失。16 位数据包格式如表6 - 5所示。从表中可以看出，D15～D12 为无关位，取任意值，通常全为"1"；D11～D8 为 4 位地址；D7～D0 为 5 个控制寄存的命令字或 8 位 LED 待显示的数据位，在 8 位数据中 D7 为最高位，D0 为最低位。一般情况下，程序先传送控制命令，再将数据传送到显示寄存器，但必须每 16 位为一组，从最高位开始传送数据，一直传送到最低位为止。

表 6 - 5　16 位数据包格式

D15	D14	D13	D12	D11	D10	D9	D8	D7	D6	D5	D4	D3	D2	D1	D0
×	×	×	×	地		址		MSB		数		据			LSB

通过对 D11～D8 中 4 位地址译码，可寻址 14 个内部寄存器，即 8 个数位寄存器、5 个控制寄存器及 1 个空操作寄存器。14 个内部寄存器地址如表 6 - 6 所示。空操作寄存器主要用于多个 MAX7219 级联，允许数据通过而不对当前 MAX7219 产生影响。

表 6 - 6　14 个内部寄存器地址

寄存器	地			址	十六进制代码
	D15～D12	D11	D10	D9	D8	
空操作	×	0	0	0	0	X0
DIG0	×	0	0	0	1	X1
DIG1	×	0	0	1	0	X2
DIG2	×	0	0	1	1	X3
DIG3	×	0	1	0	0	X4

续表

寄存器	地址 D15～D12	D11	D10	D9	D8	十六进制代码
DIG4	×	0	1	0	1	X5
DIG5	×	0	1	1	0	X6
DIG6	×	0	1	1	1	X7
DIG7	×	1	0	0	0	X8
译码模式	×	1	0	0	1	X9
亮度调节	×	1	0	1	0	XA
扫描限制	×	1	0	1	1	XB
关断模式	×	1	1	0	0	XC
显示测试	×	1	1	1	1	XF

5 个控制寄存器分别是：译码模式寄存器、亮度调节寄存器、扫描限制寄存器、关断模式寄存器、显示测试寄存器。在使用 MAX7219 时，首先必须对 5 个控制寄存器进行初始化。5 个控制寄存器的设置方式如下：

（1）译码模式寄存器（地址为 0xX9）：用于决定数位驱动器的译码方式，有 4 种译码模式可供选择。每一位对应一个数位。其中，"1"代表 B 码方式；"0"代表不译方式。驱动 LED 数码管时，应将数位驱动器设置为 B 码方式。一般情况下，应将数据位置为全"0"，即选择"全非译码方式"，在此方式下，8 个数据位分别对应 7 个段和小数点。

当选择译码模式时，译码器只对数据的低 4 位进行译码（D3～D0），D4～D6 为无效位。D7 位用来设置小数点，不受译码器的控制且为高电平。表 6－7 为 B 型译码格式。

表 6－7　B 型译码格式

字符代码	寄存器数据 D7	D6～D4	D3	D2	D1	D0	段码 DP	G	F	E	D	C	B	A
0		×	0	0	0	0		1	1	1	1	1	1	0
1		×	0	0	0	1		0	1	1	0	0	0	0
2		×	0	0	1	0		1	1	0	1	1	0	1
3		×	0	0	1	1		1	1	1	1	0	0	1
4		×	0	1	0	0		0	1	1	0	0	1	1
5		×	0	1	0	1		1	0	1	0	1	1	1
6		×	0	1	1	0		1	0	1	1	1	1	1
7		×	0	1	1	1		1	1	1	0	0	0	0
8		×	1	0	0	0		1	1	1	1	1	1	1
9		×	1	0	0	1		1	1	1	1	0	1	1
—		×	1	0	1	0		1	0	0	0	0	0	0
E		×	1	0	1	1		1	0	0	1	1	1	1

字符代码	寄存器数据						段码						
	D7	D6~D4	D3	D2	D1	D0	DP	G	F	E	D	C	B	A
H		×	1	1	0	0	0	1	1	0	1	1	1	1
L		×	1	1	0	1	0	0	0	0	1	1	1	0
P		×	1	1	1	0	1	1	0	0	1	1	1	1
blank		×	1	1	1	1	0	0	0	0	0	0	0	0

当选择不译码时，数据的 8 位与 MAX7219 的各段线上的信号一致，表 6 - 8 列出了数字对应的段码位。

表 6 - 8　每个数字对应的段码位

	寄存器数据							
g 图示	D7	D6	D5	D4	D3	D2	D1	D0
	DP	g	f	e	d	c	b	a

（2）亮度调节寄存器（地址为×A）：用于 LED 数码管显示亮度强弱的设置。利用其 D3~D0 位控制内部亮度脉宽调制器 DAC 的占空比，进而控制 LED 段电流的平均值，实现 LED 的亮度控制。D3~D0 取值范围为 0000~1111，对应电流的占空比则从 1/32、3/32 变化到 31/32，共 16 级，D3~D0 的值越大，LED 显示越亮。而亮度控制寄存器中的其他各位未使用，可置任意值。亮度调节寄存器的设置格式如表 6 - 9 所示。

表 6 - 9　亮度调节寄存器中的设置格式

占空比	D7	D6	D5	D4	D3	D2	D1	D0	十六进制代码
1/32	×	×	×	×	0	0	0	0	0xX0
3/32	×	×	×	×	0	0	0	1	0xX1
5/32	×	×	×	×	0	0	1	0	0xX2
7/32	×	×	×	×	0	0	1	1	0xX3
9/32	×	×	×	×	0	1	0	0	0xX4
11/32	×	×	×	×	0	1	0	1	0xX5
13/32	×	×	×	×	0	1	1	0	0xX6
15/32	×	×	×	×	0	1	1	1	0xX7
17/32	×	×	×	×	1	0	0	0	0xX8
19/32	×	×	×	×	1	0	0	1	0xX9
21/32	×	×	×	×	1	0	1	0	0xXA
23/32	×	×	×	×	1	0	1	1	0xXB
25/32	×	×	×	×	1	1	0	0	0xXC
27/32	×	×	×	×	1	1	0	1	0xXD
29/32	×	×	×	×	1	1	1	0	0xXE
31/32	×	×	×	×	1	1	1	1	0xXF

（3）扫描限制寄存器（地址为×B）：用于设置显示数码管的个数（1～8）。该寄存器的 D2～D0（低三位）指定要扫描的位数，D7～D3 无关，支持 0～7 位，各数位均以 1.3 KHz 的扫描频率被分路驱动。当 D2～D0＝111 时，可接 8 个数码管。扫描限制寄存器的设置格式如表 6-10 所示。

表 6-10　扫描限制寄存器的设置格式

扫描 LED 位数	D7	D6	D5	D4	D3	D2	D1	D0	十六进制代码
只扫描 0 位	×	×	×	×	×	0	0	0	0xX0
扫描 0 或 1 位	×	×	×	×	×	0	0	1	0xX1
扫描 0，1，2 位	×	×	×	×	×	0	1	0	0xX2
扫描 0，1，2，3 位	×	×	×	×	×	0	1	1	0xX3
扫描 0，1，2，3，4 位	×	×	×	×	×	1	0	0	0xX4
扫描 0，1，2，3，4，5 位	×	×	×	×	×	1	0	1	0xX5
扫描 0，1，2，3，4，5，6 位	×	×	×	×	×	1	1	0	0xX6
扫描 0，1，2，3，4，5，6，7 位	×	×	×	×	×	1	1	1	0xX7

（4）关断模式寄存器（地址为×C）：用于关断所有显示器。有 2 种选择模式：D0＝"0"，关断所有显示器，但不会消除各寄存器中保持的数据；D0＝"1"，正常工作状态。剩余各位未使用，可取任意值。通常情况下选择正常操作状态。

（5）显示测试寄存器（地址为×F）：用于检测外接 LED 数码管是在测试状态还是正常操作状态下工作。D0＝0，LED 处于正常工作状态；D0＝1，LED 处于显示测试状态。所有 8 位 LED 各位全亮，电流占空比为 31/32。D7～D1 位未使用，可任意取值。一般情况下选择正常工作状态。

3. 工作时序

MAX7219 工作时序如图 6-37 所示。从图中可以看出，在 CLK 的每个上升沿，都有一位数据从 Din 端输入，加载到 16 位移位寄存器中。在 LOAD 的上升沿，输入的 16 位串行数据被锁存到数位或控制寄存器中。LOAD 必须在第 16 个 CLK 上升沿出现的同时或在下一个 CLK 上升沿之前，变为高电平，否则移入移位寄存器的数据将会被丢失。

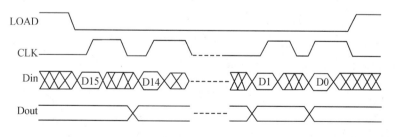

图 6-37　MAX7219 工作时序

4. MAX7219 的数码管 I/O 端口扩展应用

使用 MAX7219 作为 LED 数码管 I/O 端口扩展电路，串行驱动 8 位共阴极 LED 数码管，动态显示数字 12518623。

1）任务分析

MAX7219 的数码管 I/O 端口扩展应用电路如图 6 - 37 所示。无论是 MAX7219 的初始化，还是 8 个七段数码管的显示，均须对数据进行写入。16 位数据包分成两个 8 位字节进行传送，第一字节是地址，第二字节是数据。在这 16 位数据包中，D15～D12 可以任意写，在此均置为 1；D11～D8 决定所选通的内部寄存器地址；D7～D0 为待显示数据，8 个 LED 显示器的显示内容在 tab 中。

2）编写 C51 程序

```
# include <reg51.h>
# include <intrins.h>
# define uchar unsigned char
# define uint unsigned int
sbit din=P1^0;                      //数据串行输入端
sbit cs=P1^1;                       //数据输入允许端
sbit clk=P1^2;                      //时钟信号
uchar dig;
uchar tab[10]={0x30,0x6d,0x5b,0x30,0x7f,0x5f,0x6d,0x79};   //表示不译方式 12518623
void write_7219(uchar add,uchar date) //add 为接受 MAX7219 地址；date 为要写的数据
{
    uchar i;
    cs=0;
    for(i=0; i<8; i++)
    {
        clk=0;
        din=add&0x80;               //按照高位在前，低位在后的顺序发送
        add<<=1;                    //先发送地址
        clk=1;
    }
    for(i=0; i<8; i++)              //时钟上升沿写入一位
    {
        clk=0;
        din=date&0x80;
        date<<=1;                   //再发送数据
        clk=1;
    }
    cs=1;
}
void init_7219()
{
    write_7219(0x0c,0x01);         //0x0c 为关断模式寄存器；0x01 表示显示器处于工作状态
    write_7219(0x0a,0x0f);         //0x0a 为亮度调节寄存器；0x0f 使数码管显示亮度为最亮
    write_7219(0x09,0x00);         //0x09 为译码模式寄存器；0x00 为非译码方式
```

```
        write_7219(0x0b, 0x07);            //0x0b 为扫描限制寄存器；0x07 表示可将 8 个 LED 数码管
    }
void display(uchar * p)                    //数码管 8 位显示 0~7
{
    uchar i;
    for(i=0; i<8; i++)
        {
            write_7219(i+1, * (p+i));
        }
}
void main()
{
    init_7219();
    while(1)
    { display(tab); }
}
```

思 考 与 练 习

1. 单片机的键盘扩展方法有哪些？简述行列式扫描键盘的工作原理。

2. 键盘扩展为什么需要按键消抖动处理？如何进行按键消抖动处理？

3. LED 的静态显示方式与动态显示方式有何区别？各有什么优缺点？

4. 请在 DS18B20 程序的基础上进行修改，用继电器模拟某个电器的开关(如空调)，使 DS18B20 转换的温度值精确到小数点后三位，当环境温度高于某个值时闭合继电器以启动空调制冷。

5. 编写程序，实现在一个 I/O 端口上接两个 DS18B20，并读取这两个 DS18B20 的温度值。

6. D/A 与 A/D 转换器有哪些技术指标？

7. D/A 转换器由哪几部分组成？各部分的作用是什么？

8. A/D 转换器由哪几部分组成？各部分的作用是什么？

第7章

80C51 单片机外围器件及应用实例

在单片机应用系统中，除使用本身内部资源进行简单控制外，还可以连接一些外围器件，通过编写程序实现对复杂系统的控制与管理。常见的单片机外围器件包括：键盘、LED 显示器、液晶显示器、模/数(A/D)转换器、数/模(D/A)转换器、实时时钟转换器、温度转换器等，下面就一些实例进行介绍。

7.1　串　行　接　口

单片机与外界进行信息交换称之为通信。8051 单片机的通信方式有并行通信和串行通信两种。

并行通信：数据的各位同时发送或接收。

串行通信：数据一位一位顺序发送或接收，如图 7-1 所示。

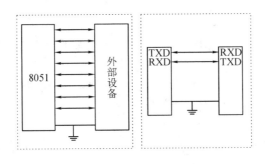

图 7-1　串行通信

7.1.1　串行通信的方式

1. 异步通信

异步通信用一个起始位表示字符的开始，用停止位表示字符的结束。其每帧的格式如下：

在一帧格式中，首先是一个起始位 0；然后是 8 个数据位，规定低位在前，高位在后；接下来是奇偶校验位(可以省略)；最后是停止位 1。用这种格式表示字符，则字符可以一个接一个地传送。

在异步通信中，CPU 与外设之间必须有两项规定，即字符格式和波特率。规定字符格式是便于双方能够将同一种 0 和 1 的字符串理解成同一种意义。原则上，字符格式可以由通信的双方自由制定,但从通用、便利的角度出发,一般使用标准格式,例如采用 ASCII 标准。

波特率即数据传送的速率,其定义是每秒钟传送的二进制数的位数。例如,数据传送的速率是 120 字符/秒,而每个字符如上述规定包含 10 个数位,则传送波特率为 1200 波特。

2. 同步通信

在同步通信中,每个字符要用起始位和停止位作为其开始和结束的标志,因此占用了时间。所以在数据块传递时,为了提高速度,常去掉这些标志,采用同步传送。由于数据块传递首先要用同步字符来指示,同时要求由时钟来实现发送端与接收端之间的同步,故硬件较复杂。

3. 通信方向

在串行通信中,通信接口只能发送或接收的单向传送方法称为单工传送;数据在两个设备之间的双向传递称为双工传送。双工传送方式又可分为半双工传送和全双工传送。半双工传送时,两机之间不能同时进行发送和接收,任一时刻,只能发送或者只能接收信息。

8051 串行接口是一个可编程的全双工串行通信接口。它可用作异步通信方式(UART),与串行传送信息的外部设备相连接,或用于通过标准异步通信协议进行全双工的 8051 接口。多机系统也可以通过同步方式,使用 TTL 或 CMOS 移位寄存器来扩充 I/O 口。

8051 单片机通过引脚 RXD(P3.0,串行数据接收端)和引脚 TXD(P3.1,串行数据发送端)与外界通信。SBUF 是串行口缓冲寄存器,包括发送寄存器和接收寄存器。它们有相同的名字和地址空间,但不会发生冲突,因为这两个寄存器一个只能被 CPU 读取数据,另一个只能被 CPU 写入数据。

4. 串行口的控制与状态寄存器

串行口控制寄存器 SCON 用于定义串行口的工作方式及实施接收和发送控制。字节地址为 98H,其各位定义如表 7-1 所示。

表 7-1　SCON 各位定义

D7	D6	D5	D4	D3	D2	D1	D0
SM0	SM1	SM2	REN	TB8	RB8	TI	RI

SM0、SM1:串行口工作方式选择位定义如表 7-2 所示,其中 f_{osc} 为晶振频率。

表 7-2　SM0、SM1 串行口工作方式选择位定义

SM0、SM1	工作方式	功能描述	波特率
0　0	方式 0	8 位移位寄存器	$f_{osc}/12$
0　1	方式 1	10 位 UART	可变
1　0	方式 2	11 位 UART	$f_{osc}/64$ 或 $f_{osc}/32$
1　1	方式 3	11 位 UART	可变

SM2:多机通信控制位。在方式 0 时,SM2 应等于 0。在方式 1 中,当 SM2=1 时,则只有接收到有效停止位,RI 才可置 1。在方式 2 或方式 3 时,当 SM2=1 且接收到的第 9 位数据 RB8=0 时,RI 才可置 1。

REN：接收允许控制位。由软件置位以允许接收，又由软件清 0 来禁止接收。

TB8：需要发送数据的第 9 位。在方式 2 或方式 3 时，对于要发送的第 9 位数据，根据需要由软件置 1 或清 0。例如，可约定作为奇偶校验位，或在多机通信中作为区别地址帧或数据帧的标志位。

RB8：接收数据的第 9 位。在方式 0 中不使用 RB8。在方式 1 中，若 SM2＝0，RB8 为接收到的停止位。在方式 2 或方式 3 中，RB8 为接收到的第 9 位数据。

TI：发送中断标志。在方式 0 中，第 8 位发送结束时，由硬件置位。在其他方式的发送停止位前，由硬件置位。TI 置位既表示一帧信息发送结束，同时也表示申请中断，可根据需要，用软件查询的方法获得数据已发送完毕的信息，或用中断的方式来发送下一个数据。TI 必须用软件清 0。

RI：接收中断标志位。在方式 0 中，当接收完第 8 位数据后，由硬件置位。在其他方式中，在接收到停止位的中间时刻由硬件置位（例外情况见于 SM2 的说明）。RI 置位表示一帧数据接收完毕，可用查询的方法或中断的方法获知，RI 也必须用软件清 0。

特殊功能寄存器 PCON 是为了在 CHMOS 的 80C51 单片机上实现电源控制而附加的设备，其中最高位是 SMOD。

7.1.2 串行口的工作方式

8051 单片机的全双工串行口可编程为 4 种工作方式，现分述如下。

1. 方式 0

方式 0 为移位寄存器输入/输出方式，可外接移位寄存器以扩展 I/O 端口，也可以外接同步输入/输出设备。8 位串行数据从 RXD 输入或输出，TXD 用于输出同步脉冲。

1）输出

串行数据从 RXD 引脚输出，TXD 引脚输出移位脉冲。CPU 将数据写入发送寄存器时，立即启动发送，将 8 位数据以 $f_{osc}/12$ 的固定波特率从 RXD 输出，低位在前，高位在后。发送完一帧数据后，发送中断标志 TI 由硬件置位。

2）输入

当串行口以方式 0 接收时，先置位允许接收控制位 REN。此时，RXD 为串行数据输入端，TXD 仍为同步脉冲移位输出端。当 RI＝0 和 REN＝1 同时满足时，开始接收。当接收到第 8 位数据时，将数据移入接收寄存器，并由硬件置位 RI。图 7-2 为方式 0 扩展输出和输入的接线图。

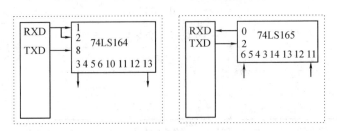

图 7-2 方式 0 扩展输出和输入的接线图

2. 方式 1

方式 1 为波特率可变的 10 位异步通信接口方式。可发送或接收一帧信息，包括 1 个起始位 0，8 个数据位和 1 个停止位 1。

1）输出

当 CPU 执行一条指令将数据写入发送缓冲 SBUF 时，即可启动发送。串行数据从 TXD 引脚输出，发送完一帧数据后，由硬件置位 TI。

2）输入

在 REN＝1 时，串行口采样 RXD 引脚，当采样到 1 至 0 的跳变时，确认是开始位 0，就开始接收一帧数据。只有当 RI＝0 且停止位为 1 或者 SM2＝0 时，停止位才进入 RB8，8 位数据才能进入接收寄存器，并由硬件置位中断标志 RI；否则信息丢失。所以在方式 1 接收时，应先用软件清零 RI 和 SM2 标志。

3. 方式 2

方式 2 为固定波特率的 11 位 UART 方式，它比方式 1 增加了一位可程控为 1 或 0 的第 9 位数据。

1）输出

发送的串行数据由 TXD 端输出一帧 11 位信息，附加的第 9 位来自 SCON 寄存器的 TB8 位，用软件置位或复位。它可作为多机通信中地址/数据信息的标志位，也可以作为数据的奇偶校验位。当 CPU 执行一条数据写入 SUBF 的指令时，就会启动发送器发送。发送一帧信息后，置位中断标志 TI。

2）输入

当 REN＝1 时，串行口采样 RXD 引脚，当采样到 1 至 0 的跳变时，确认是开始位 0，即可开始接收一帧数据。在接收到附加的第 9 位数据后，当 RI＝0 或者 SM2＝0 时，第 9 位数据进入 RB8，8 位数据才能进入接收寄存器，并由硬件置位中断标志 RI；否则信息丢失，且不置位 RI。再过一位时间后，不管上述条件是否满足，接收电路执行复位，并重新检测 RXD 上从 1 到 0 的跳变。

4. 方式 3

方式 3 为波特率可变的 11 位 UART 方式。除波特率外，其余与方式 2 相同。

首先考虑波特率选择，如前所述，在串行通信中，收发双方的数据传送率（波特率）要有一定的约定。在 8051 串行口的 4 种工作方式中，方式 0 和 2 的波特率是固定的，而方式 1 和 3 的波特率是可变的，由定时器 T1 的溢出率控制。

方式 0 的波特率固定为主振频率的 1/12。

方式 2 的波特率由 PCON 中的选择位 SMOD 来决定，可由下式表示：

波特率＝2 的 SMOD 次方除以 64 再乘一个 f_{osc}。也就是当 SMOD＝1 时，波特率为 $1/32 f_{osc}$；当 SMOD＝0 时，波特率为 $1/64 f_{osc}$。

方式 1 和方式 3 定时器 T1 作为波特率发生器，其公式如下：

$$波特率 = \frac{2^{smod}}{32} \times 定时器\ T1\ 溢出率$$

$$T1\ 溢出率 = \frac{T1\ 计数率}{产生溢出所需的周期数}$$

式中，T1 计数率取决于工作状态是定时器状态还是计数器状态。当工作于定时器状态时，T1 计数率为 $f_{osc}/12$；当工作于计数器状态时，T1 计数率为外部输入频率，此频率应小于 $f_{osc}/24$。产生溢出所需周期与定时器 T1 的工作方式、T1 的预置值有关。

定时器 T1 工作于方式 0：溢出所需周期数＝8192－x

定时器 T1 工作于方式 1：溢出所需周期数＝65536－x

定时器 T1 工作于方式 2：溢出所需周期数＝256－x

因为方式 2 为自动重装入初值的 8 位定时器/计数器模式，所以用它来做波特率发生器最为恰当。

当时钟频率选用 11.0592 MHz 时，较易获得标准的波特率，因此很多单片机系统选用该值为晶振。表 7－3 列出了定时器 T1 工作于方式 2 常用波特率及初值。

表 7－3　定时器 T1 工作于方式 2 常用波特率及初值

常用波特率	f_{osc}/MHz	SMOD	TH1 初值
19200	11.0592	1	FDH
9600	11.0592	0	FDH
4800	11.0592	0	FAH
2400	11.0592	0	F4h
1200	11.0592	0	E8h

7.2　LED 数码显示器的连接与编程

在单片机系统中，通常用 LED 数码显示器来显示各种数字或符号。由于它具有显示清晰、亮度高、使用电压低、寿命长的特点，因此使用非常广泛。

八段 LED 显示器由 8 个发光二极管组成。其中 7 个长条形的发光管排列成"日"字形，另一个点状的发光管在显示器的右下角用于显示小数点，能显示各种数字及部分英文字母。LED 显示器有两种不同的形式：一种是 8 个发光二极管的阳极都连在一起的，称为共阳极 LED 显示器；另一种是 8 个发光二极管的阴极都连在一起，称为共阴极 LED 显示器。其结构如图 7－3 所示。

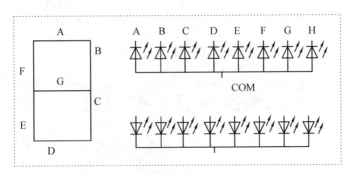

图 7－3　八段 LED 显示器

共阴极和共阳极结构的 LED 显示器各笔划段名和安排位置是相同的。当二极管导通时，相应的笔划段发亮，并组合显示各种字符。8 个笔划段 HGFEDCBA 各对应一个字节（8 位）的 D7 D6 D5 D4 D3 D2 D1 D0，则用 8 位二进制码就可以表示欲显示字符的字形代码。例如，对于共阴极 LED 显示器，当公共阴极接地（为零电平），而阳极 HGFEDCBA 各段为 0111011 时，显示器显示"P"字符，即对于共阴极 LED 显示器，"P"字符的字形码是 73H。如果是共阳极 LED 显示器，公共阳极接高电平，显示"P"字符的字形代码应为 10001100（8CH）。这里必须注意的是：很多产品为方便接线，常不按规定的方法对应字段与位的关系，这时字形码就必须根据接线来自行设计了。

　在单片机应用系统中，显示器常用静态显示和动态扫描显示两种显示方法。所谓静态显示，就是每一个显示器都要占用单独的具有锁存功能的 I/O 接口用于笔划段字形代码。这样单片机只要把要显示的字形代码发送到接口电路，直到要显示新的数据时，再发送新的字形码即可。因此，这种方法所占用的单片机 CPU 小。可以提供单独锁存的 I/O 接口电路很多，这里以常用的串/并转换电路 74LS164 为例，介绍一种常用静态显示电路。

　MCS-51 单片机串行口方式多为移位寄存器方式，外接 6 片 74LS164 作为 6 位 LED 显示器的静态显示接口，将 8051 的 RXD 作为数据输出线，TXD 作为移位时钟脉冲。74LS164 为 TTL 单向 8 位移位寄存器，可实现串行输入，并行输出。其中 A、B（第 1、2脚）为串行数据输入端，2 个引脚按逻辑与运算规律输入信号，共用一个输入信号时可并接。T（第 8 脚）为时钟输入端，可连接到串行口的 TXD 端。每一个时钟信号的上升沿加到 T 端时，移位寄存器移动一位，8 个时钟脉冲过后，8 位二进制数全部移入 74LS164 中。R（第 9 脚）为复位端，当 R＝0 时，移位寄存器各位复 0；只有当 R＝1 时，时钟脉冲才起作用。Q1…Q8（第 3～6 和 10～13 引脚）并行输出端分别接至 LED 显示器的各段对应的引脚上。

　所谓时钟脉冲端，其实就是需要进行高低循环的脉冲，无论这个脉冲来自何处。例如，用 HGFEDCBA 一根电线，一端接 T，一端用手拿着，分别接高电平、低电平，也属于时钟脉冲。在 74LS164 获得时钟脉冲的瞬间（即在脉冲的沿），如果数据输入端（第 1，2 引脚）是高电平，就会有一个 1 进入到 74LS164 的内部；如果数据输入端是低电平，就会有一个 0进入其内部。在给出了 8 个脉冲后，最先进入 74LS164 的第一个数据到达最高位，后续进入的脉冲会替换前面的脉冲，进入最高位。

　在电路中，6 片 74LS164 首尾相接，而时钟端则接在一起，这样，当输入 8 个脉冲时，从单片机 RXD 端输出的数据就进入到了第一片 74LS164 中，而当第二波 8 个脉冲到来后，这个数据就进入到第二片 74LS164，而新的数据则进入到第一片 74LS164。这样，当第六波 8 波脉冲完成后，首次送出的数据被送到了最左面的 74LS164 中，其他数据依次出现在第一、二、三、四、五片 74LS164 中。此时，在第一个脉冲到来时，除了第一片 74LS164 中接收数据外，其他各片也在接收数据，因为它们的时钟端都是被接在一起的。这里所谓的数据不过是一种说法而已，实际就是电平的高低，当第一个脉冲到来时，第一片 164 固然是从单片机接收了数据，而其他各片与前一片的 Q8 相连，而 Q8 是一根电线，在数字电路中只可能有两种状态：低电平或高电平，也就是"0"和"1"。所以它的下一片 74LS164 也相当于是在接收数据，只是接收的全部是 0 或 1 而已。

　入口：把要显示的数据分别放在显示缓冲区 60H～65H 共 6 个单元中，并且分别对应各个数码管 LED0～LED5。

　　出口：将预置在显示缓冲区中的 6 个数组成相应的显示字形码，然后输出到显示器中进行显示。

　　显示程序如下：

```
DISP:   MOV    SCON，＃00H        //初始化串行口方式 0
        MOV    R1，＃06H          //显示 6 位数
        MOV    R0，＃65H          //60H～65H 为显示缓冲区
        MOV    DPTR，＃SEGTAB     //字形表的入口地址
LOOP:
        MOV    A，@R0             //取最高位的待显示数据
        MOVC   A，@A＋DPTR        //查表获取字形码
        MOV    SBUF，A            //送串口显示
DELAY:JNB     TI，DELAY          //等待发送完毕
        CLR    TI                //清发送标志
        DEC    R0                //指针下移一位，准备读取下一个待显示数
        DJNZ   R1，LOOP           //直到 6 个数据全显示完毕
        RET
SETTAB:                          //字形表
```

DB 03H 9FH 27H 0DH 99H 49H 41H 1FH 01H 09H 0FFH；0 1 2 3 4 5 6 7 8 9 消隐码

测试用主程序如下：

```
        ORG    0000H
        AJMP   START
        ORG    30H
START:  MOV    SP，＃6FH
        MOV    65H，＃0
        MOV    64H，＃1
        MOV    63H，＃2
        MOV    62H，＃3
        MOV    61H，＃4
        MOV    60H，＃5
        LCALL DISP
        SJMP   $
```

　　如果按图示数码管排列，则以上主程序将显示"543210"，如果要显示"012345"，该如何操作？

　　下面分析字形表的制作。根据上述"标准"的图形，写出数据位和字形的对应关系并列表（设为共阳型，也就是相应的输出位为 0 时笔段亮）。

　　根据要求（0 亮或 1 亮）写出相应位的 0 和 1 即可。如果为了接线方便而打乱了接线的顺序，那么字形表又该如何连接呢？以新实验板（共阳型）为例，接线如下：

P0.7 P0.6 P0.5 P0.4 P0.3 P0.2 P0.1 P0.0

C   E   H   D   G   F   A   B

则字形码如下所示：

; 0 00101000 28H

```
                        ; 1 01111110 7EH
                        ; 2 10100100 0A4H
                        ; 3 01100100 64H
                        ; 4 01110010 72H
                        ; 5 01100001 61H
                        ; 6 00100001 21H
                        ; 7 01111100 7CH
                        ; 8 00100000 20H
                        ; 9 01100000 60H
```

7.3　动态扫描显示接口

动态扫描显示接口是单片机中应用最为广泛的一种显示方式之一。其接口电路是把所有显示器的 8 个笔划段 A～H 同名端连在一起，而每一个显示器的公共极 COM 各自独立地受 I/O 线控制。CPU 向字段输出口送出字形码时，所有显示器接收到相同的字形码，但显示器的亮灭取决于 COM 端，而该端口由 I/O 控制，所以就可以自行决定显示的位数。动态扫描是指采用分时的方法，轮流控制各个显示器的 COM 端，使各个显示器轮流点亮。

在轮流点亮扫描过程中，每位显示器的点亮时间是极为短暂的(约 1 ms)，但由于人的视觉暂留现象及发光二极管的余辉效应，尽管实际上各位显示器并非同时点亮，但只要扫描的速度足够快，给人的感觉就是一组稳定的显示数据，不会有闪烁感。

89C51 的 P0 端口能输入较大的电流，所以此处采用共阳极的数码管，不采用限流电阻，用两只 1N4004 进行降压后给数码管供电(此处仅用两只，实际上还可以扩充)。公共端由 PNP 型三极管 8550 控制，8550 则由 P2.7，P2.6 控制。显然，如果 8550 导通，则相应的数码管就可以点亮；而如果 8550 截止，则对应的数码管就不可能点亮。这样就可以通过控制 P2.7、P2.6 达到控制某个数码管亮灭的目的。

下面的程序就是用实验板上的数码管显示"0"和"1"。

```
            FIRST     EQU P2.7          //第一位数码管的位控制
            SECOND    EQU P2.6          //第二位数码管的位控制
            DISPBUFF  EQU 5AH           //显示缓冲区为 5AH 和 5BH
            ORG       0000H
            AJMP      START
            ORG       30H
START:
            MOV       SP，#5FH          //设置堆栈
            MOV       P1，#0FFH
            MOV       P0，#0FFH
            MOV       P2，#0FFH          //初始化显示器，LED 灭
            MOV       DISPBUFF，#0       //第一位显示 0
            MOV       DISPBUFF+1，#1     //第二位显示 1
LOOP:
```

```
                LCALL    DISP              //调用显示程序
                AJMP     LOOP              //主程序到此结束
        DISP：
                PUSH     ACC               //ACC 入栈
                PUSH     PSW               //PSW 入栈
                MOV      A，DISPBUFF        //读取第一个待显示数
                MOV      DPTR，#DISPTAB      //字形表首地址
                MOVC     A，@A+DPTR         //取字形码
                MOV      P0，A              //将字形码送 P0 位（段口）
                CLR      FIRST             //开第一位显示器位口
                LCALL    DELAY             //延时 1 ms
                SETB     FIRST             //关闭第一位显示器（开始准备第二位的数据）
                VMOV     A，DISPBUFF+1       //读取显示缓冲区的第二位
                MOV      DPTR，#DISPTAB
                MOVC     A，@A+DPTR
                MOV      P0，A              //将第二个字形码送 P0 端口
                CLR      SECOND            //开第二位显示器
                LCALL    DELAY             //延时
                SETB     SECOND            //关第二位显示
                POP      PSW
                POP      ACC
                RET
        DELAY：                            //延时 1 ms
                PUSH     PSW
                SETB     RS0
                MOV      R7，#50
        D1：     MOV      R6，#10
        D2：     DJNZ     R6，$
                DJNZ     R7，D1
                POP      PSW
                RET
        DISPTAB：DB 28H，7EH，0a4H，64H，72H，61H，21H，7CH，20H，60H
                END
```

从上面的例子中可以看出，动态扫描显示必须由 CPU 不断地调用显示程序，才能保证持续不断的显示。该程序可以实现数字的显示，但不太实用，为什么？示例仅显示两个数字，并无其他任务，因此，两个数码管轮流显示 1 ms 是没有问题的，但实际的工作中不可能只显示两个数字，还有其他不同的任务，这样二次调用显示程序之间的时间间隔就无法确定，如果时间间隔比较长，就会使显示不连续。而实际工作中是很难保证所有工作都能在很短时间内完成的。此外，占用 1 ms 的显示程序稍显浪费，实际场合下是很难实现的。这时可以借助定时器，到达定时时间，产生中断，点亮一个数码管，然后马上返回，这个数码管就会一直点亮直到下一次定时时间到达，而不用调用延时程序了，这段时间可以留给

主程序进行其他操作,减少浪费。具体程序如下:

```
            Counter     EQU 59H              //计数器,确定显示的数码管
            FIRST       EQU P2.7             //第一位数码管的位控制
            SECOND      EQU P2.6             //第二位数码管的位控制
            DISPBUFF    EQU 5AH              //显示缓冲区为 5AH 和 5BH
            ORG         0000H
            AJMP        START
            ORG         000BH                //定时器 T0 的入口
            AJMP        DISP                 //显示程序
            ORG         30H
    START:
            MOV         SP,#5FH              //设置堆栈
            MOV         P1,#0FFH
            MOV         P0,#0FFH
            MOV         P2,#0FFH             //初始化显示器,LED 灭
            MOV         TMOD,#00000001B      //定时器 T0 工作于模式 1(16 位定时/计数模式)
            MOV         TH0,#HIGH(65536-2000)
            MOV         TL0,#LOW(65536-2000)
            SETB        TR0
            SETB        EA
            SETB        ET0
            MOV         Counter,#0           //计数器初始化
            MOV         DISPBUFF,#0          //第一位始终显示 0
            MOV         A,#0
    LOOP:
            MOV         DISPBUFF+1,A         //第二位轮流显示 0~9
            INC         A
            LCALL       DELAY
            CJNE        A,#10,LOOP
            MOV         A,#0
            AJMP        LOOP                 //在此中间可以安排任意程序,这里仅作示范
    //主程序到此结束
    DISP:                                    //定时器 T0 的中断响应程序
            PUSH        ACC                  //ACC 入栈
            PUSH        PSW                  //PSW 入栈
            MOV         TH0,#HIGH(65536-2000) //定时时间为 2000 个周期,约 2170 微秒(11.0592 MHz)
            MOV         TL0,#LOW(65536-2000)
            SETB        FIRST
            SETB        SECOND               //关显示
            MOV         A,#DISPBUFF          //显示缓冲区首地址
            ADD         A,Counter
            MOV         R0,A
```

```
        MOV      A，@R0            //根据计数器的值读取相应的显示缓冲区的值
        MOV      DPTR，#DISPTAB     //字形表首地址
        MOVC     A，@A+DPTR         //读取字形码
        MOV      P0，A             //将字形码送 P0 位（段口）
        MOV      A，Counter        //读取计数器的值
        JZ       DISPFIRST        //如果是 0 则显示第一位
        CLR      SECOND           //否则显示第二位
        AJMP     DISPNEXT
DISPFIRST：
        CLR      FIRST            //显示第一位
DISPNEXT：
        INC      Counter          //计数器加 1
        MOV      A，Counter
        DEC      A                //如果计数器累计到 2，则使其回 0
        DEC      A
        JZ       RSTCOUNT
        AJMP     DISPEXIT
RSTCOUNT：
        MOV      Counter，#0        //计数器的值只能是 0 或 1
DISPEXIT：
        POP      PSW
        POP      ACC
        RETI
DELAY：                            //延时 130 ms
        PUSH     PSW
        SETB     RS0
        MOV      R7，#255
D1：     MOV      R6，#255
D2：     NOP
        NOP
        NOP
        NOP
        DJNZ     R6，D2
        DJNZ     R7，D1
        POP      PSW
        RET
DISPTAB：DB 28H，7EH，0a4H，64H，72H，61H，21H，7CH，20H，60H
        END
```

　　从上面的程序可以看出，和静态显示相比，动态扫描的程序稍显复杂。但此程序有一定的通用性，只要改变端口及计数器的值就可以显示更多位数了。显示程序的流程图如图 7-4 所示。

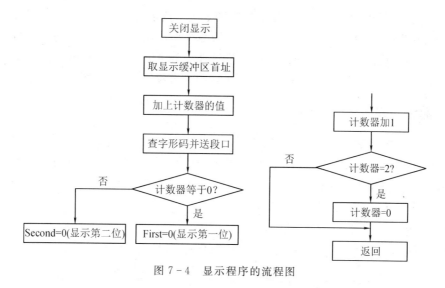

图 7-4　显示程序的流程图

7.4　键盘接口与编程

　　键盘是由若干按键组成的开关矩阵，它是微型计算机最常用的输入设备，用户可以通过键盘向计算机输入指令、地址和数据。一般单片机系统中采用非编码键盘，由软件识别键盘上的闭合键，具有结构简单、使用灵活等特点，因此被广泛应用于单片机系统。

7.4.1　按键开关的抖动问题

　　组成键盘的按键有触点式和非触点式两种，单片机中应用的键盘一般是由机械触点构成的。在图 7-5(a)中，当开关 S 未被按下时，P1.0 输入为高电平，S 闭合后，P1.0 输入为低电平。由于按键是机械触点，当机械触点断开、闭合时，会有抖动，P1.0 输入端的波形如图 7-5(b)所示。这种抖动对于人来说是感觉不到的，但对计算机来说，则是完全可以感应到的。因为计算机处理的速度是在微秒级，而机械抖动的时间至少是毫秒级，对计算机而言，这已是一个"漫长"的时间了。前面在描述中断时，就提及按键时灵时不灵的情况，其实就是这个原因，虽然只按了一次按键，可是计算机却已执行了多次中断的过程，如果执行的次数正好是奇数次，那么结果正确，如果执行的次数是偶数次，则结果错误。

(a)　　　　　　　　　　　　　　　(b)

图 7-5　开关动作图

　　为使 CPU 能正确地读取 P1 端口的状态，对每一次按键只作一次响应，就必须考虑如何去除抖动，常用的去抖动的方法有硬件方法和软件方法两种。单片机中常用软件法，此处对于硬件方法不作介绍。软件法其实很简单，就是在单片机获得"P1.0 口为低"的信息后，并不立即认定 S1 已被按下，而是延时 10 ms 或更长的时间后再次检测 P1.0 口，如果仍为低,说明 S1 的确按下了,这实际上是避开了按键按下时的抖动时间。而在检测到按键释放后(P1.0 为高)再延时 5～10 ms,消除后沿的抖动,然后再对键值处理。不过一般情况下,通常不对按键释放的后沿进行处理,实践证明,也能满足一定的要求。当然,实际应用中,对按键的要求也是千差万别的,要根据不同的需要编写处理程序。

7.4.2　键盘与单片机的连接

键盘与单片机是通过 I/O 口连接的。将每个按键的一端接到单片机的 I/O 端口,另一端接地,图 7-6 是实验板上按键的接法,4 个按键分别接到 P3.2、P3.3、P3.4 和 P3.5。对于这种程序可以采用不断查询的方法,功能是:检测是否有键闭合,如有键闭合,则去除键抖动,判断键号并转入相应的键处理。

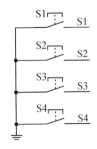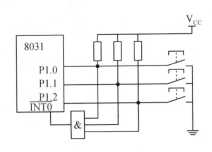

图 7-6　实验板上按键的接法

下面给出一个示例。其功能很简单,4 个键定义如下:

P3.2:开始,按此键则灯开始流动(由上而下)。

P3.3:停止,按此键则停止流动,所有灯为暗。

P3.4:上,按此键则灯由上向下流动。

P3.5:下,按此键则灯由下向上流动。

```
        UpDown EQU 00H          //上下行标志
        StartEnd EQU 01H        //启动及停止标志
        LAMPCODE EQU 21H        //存放流动的数据代码
        ORG 0000H
        AJMP MAIN
        ORG 30H
MAIN:
        MOV SP,#5FH
        MOV P1,#0FFH
        CLR UpDown              //启动时处于向上的状态
        CLR StartEnd            //启动时处于停止状态
        MOV LAMPCODE,#0FEH//单灯流动的代码
LOOP:
        ACALL KEY               //调用键盘程序
        JNB F0,LNEXT            //如果无键按下,则继续
        ACALL KEYPROC           //否则调用键盘处理程序
LNEXT:
```

```
        ACALL LAMP              //调用灯显示程序
        AJMP LOOP               //反复循环，主程序到此结束
DELAY：
        MOV R7，＃100
D1：MOV R6，＃100
        DJNZ R6，$
        DJNZ R7，D1
        RET
//-----------------------延时程序，键盘处理中调用
KEYPROC：
        MOV A，B                 //从 B 寄存器中获取键值
        JB ACC.2，KeyStart      //分析键的代码，某位被按下，则该位为1(因为在键盘程序中已取反)
        JB ACC.3，KeyOver
        JB ACC.4，KeyUp
        JB ACC.5，KeyDown
        AJMP KEY_RET
KeyStart：
        SETB StartEnd           //第一个键按下后的处理
        AJMP KEY_RET
KeyOver：
        CLR StartEnd            //第二个键按下后的处理
        AJMP KEY_RET
KeyUp：SETB UpDown              //第三个键按下后的处理
        AJMP KEY_RET
KeyDown：
        CLR UpDown              //第四个键按下后的处理
KEY_RET：RET
KEY：
        CLR F0                  //清 F0，表示无键按下。
        ORL P3，＃00111100B     //将 P3 端口与键连接的 4 位置 1
        MOV A，P3                //读取 P3 的值
        ORL A，＃11000011B      //将其余 4 位置 1
        CPL A                   //取反
        JZ K_RET                //如果为 0 则一定无键按下
        ACALL DELAY             //否则延时去键抖
        ORL P3，＃00111100B
        MOV A，P3
        ORL A，＃11000011B
        CPL A
        JZ K_RET
        MOV B，A                 //确实有键按下，将键值存入 B 中
        SETB F0                 //设置有键按下的标志
K_RET：
```

```
        ORL P3，#00111100B      //此处循环等待键的释放
        MOV A，P3
        ORL A，#11000011B
        CPL A
        JZ K_RET1              //直到读取的数据取反后为 0，说明键已释放，才从键盘处理程序
                                 中返回
        AJMP K_RET
K_RET1：
        RET
D500MS：                       //流水灯的延迟时间
        PUSH PSW
SETB RS0
        MOV R7，#200
D51：   MOV R6，#250
D52：   NOP
        NOP
        NOP
        NOP
        DJNZ R6，D52
        DJNZ R7，D51
        POP PSW
        RET
LAMP：
        JB StartEnd，LampStart  //如果 StartEnd＝1，则启动
        MOV P1，#0FFH
        AJMP LAMPRET           //否则关闭所有显示，返回
        LampStart：
        JB UpDown，LAMPUP       //如果 UpDown＝1，则向上流动
        MOV A，LAMPCODE
        RL A                   //左移位
        MOV LAMPCODE，A
        MOV P1，A
        LCALL D500MS
        AJMP LAMPRET
        LAMPUP：
        MOV A，LAMPCODE
        RR A                   //向下流动，即右移
        MOV LAMPCODE，A
        MOV P1，A
        LCALL D500MS
LAMPRET：
        RET
        END
```

上述程序功能演示了一个键盘处理程序的基本思路,程序本身很简单,也不很实用,实际工作中还需考虑更多的因素。例如主循环每次都调用灯的循环程序,会造成按键反应"迟钝";而如果一直按着键不放,则灯不会再流动,直到松开为止。对于这些问题,读者可自行考虑相应的解决办法。

7.4.3　中断方式

如图 7-6 所示,各个按键都接到一个与门上,当有任何一个按键按下时,都会使与门输出为低电平,从而引起单片机的中断。其优点是不用在主程序中不断地循环查询,如果有键按下,单片机再去做相应的处理。

7.5　矩阵式键盘接口技术及编程

在键盘中按键数量较多时,为了减少 I/O 端口的占用,通常将按键排列成矩阵形式,如图 7-7 所示。在矩阵式键盘中,每条水平线和垂直线在交叉处不直接连通,而是通过一个按键连接。这样,一个端口(例如 P1 端口)就可以构成 4×4＝16 个按键,比直接将端口线用于键盘多出了一倍,而且线数越多,区别越明显。如再多加一条线就可以构成 20 键的键盘,而直接用端口线则只能多出一键(9 键)。由此可见,在需要的键数比较多时,采用矩阵法来做键盘是合理的。

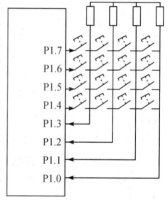

图 7-7　按键排列成矩阵形式

矩阵式结构的键盘显然比直接法要复杂一些,识别也较为复杂。图 7-7 中,列线通过电阻接正电源,并将行线所接的单片机的 I/O 端口作为输出端,而列线所接的 I/O 端口则作为输入端。这样,当按键没有按下时,所有的输出端都是高电平,代表无键按下。行线输出是低电平,一旦有键按下,则输入线就会被拉低,这样,通过读取输入线的状态就可得知是否有键按下了。具体的识别及编程方法如下所述。

确定矩阵式键盘上被按下的键常用一种"行扫描法"。行扫描法又称为逐行(或列)扫描查询法,是一种最常用的按键识别方法,如图 7-7 所示键盘,其具体识别方法如下:

(1) 判断键盘中有无键按下。将全部行线 Y0～Y3 置低电平,然后检测列线的状态。只要有一列的电平为低,则表示键盘中有键被按下,而且闭合的键位于低电平线与 4 根行线相交叉的 4 个按键之中。若所有列线均为高电平,则键盘中无键按下。

(2) 判断闭合键所在的位置。在确认有键按下后,即可进入确定具体闭合键的过程。其方法是:依次将行线置为低电平,即在置某根行线为低电平时,其他线为高电平。在确定某根行线位置为低电平后,再逐行检测各列线的电平状态。若某列为低,则该列线与置为低电平的行线交叉处的按键就是闭合的按键。

下面以具体实例进行讲解。8031 单片机的 P1 口用作键盘 I/O 端口,键盘的列线接到 P1 口的低 4 位,键盘的行线接到 P1 口的高 4 位。列线 P1.0～P1.3 分别连接 4 个上拉电阻到正电源＋5 V,并把列线 P1.0～P1.3 设置为输入线,行线 P1.4～P1.7 设置为输出线。4 根行线和 4 根列线形成 16 个相交点。

检测当前是否有键被按下。检测的方法是 P1.4~P1.7 输出全"0"，读取 P1.0~P1.3 的状态，若 P1.0~P1.3 为"1"，则无键闭合，否则有键闭合。

去除键抖动。当检测到有键按下后，延时一段时间再做下一步的检测判断。若有键被按下，应识别出具体的按键。方法是对键盘的行线进行扫描。P1.4~P1.7 按下述 4 种组合依次输出：

P1.7　1110
P1.6　1101
P1.5　1011
P1.4　0111

将列线 P1.4~P1.7 作为输入线，行线 P1.3~P1.0 作为输出线，并将输出线输出全为低电平，读列线状态，则列线中电平为低的是按键所在的列。检测当前是否有键被按下，检测的方法是当 P1.4~P1.7 输出全"0"，读取 P1.0~P1.3 的状态，若 P1.0~P1.3 为全"1"，则无键闭合，否则有键闭合。由此得到闭合键的行值和列值，然后可采用计算法或查表法将闭合键的行值和列值转换成所定义的键值。为了保证键每闭合一次，CPU 仅作一次处理，必须去除键释放时的抖动。

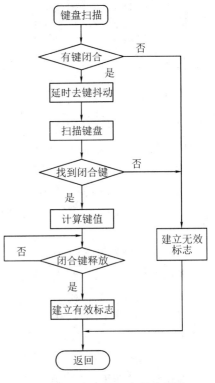

图 7-8　键盘扫描程序的流程图

从以上分析得到键盘扫描程序的流程图如图 7-8 所示。具体程序如下：

```
SCAN:   MOV    P1，#0FH
        MOV    A，P1
        ANL    A，#0FH
        CJNE   A，#0FH，NEXT1
        SJMP   NEXT3
NEXT1:  ACALL  D20MS
        MOV    A，#0EFH
NEXT2:  MOV    R1，A
        MOV    P1，A
        MOV    A，P1
        ANL    A，#0FH
        CJNE   A，#0FH，KCODE；
        MOV    A，R1
        SETB   C
        RLC    A
        JC     NEXT2
NEXT3:  MOV    R0，#00H
        RET
KCODE:  MOV    B，#0FBH
NEXT4:  RRC    A
```

```
           INC      B
           JC       NEXT4
           MOV      A，R1
           SWAP     A
NEXT5：RRC          A
           INC      B
           INC      B
           INC      B
           INC      B
           JC       NEXT5
NEXT6：MOV          A，P1
           ANL      A，＃0FH
           CJNE     A，＃0FH，NEXT6
           MOV      R0，＃0FFH
           RET
```

7.6　DS1302 实时时钟芯片及应用实例

传统的并行时钟扩展芯片引脚数多、体积大，占用 I/O 端口线较多。串行扩展的时钟芯片引脚较少，只需占用少数 I/O 端口线，在单片机系统中应用广泛。

单片机串行扩展的实时时钟芯片种类较多，例如 PCF8563、DS1302、NJU6355 等。DS1302 是 DALLAS 公司推出的 SPI 总线涓流充电时钟芯片，内含一个实时时钟/日历和 31 字节静态 RAM，通过简单的串行接口与单片机进行通信。实时时钟/日历电路提供秒、分、时、日、日期、月、年的信息，每月的天数和闰年的天数可自动调整，时钟操作可通过 AM/PM 指示决定采用 24 或 12 小时格式。DS1302 与单片机之间能简单地采用同步串行的方式进行通信，仅需$\overline{\text{RST}}$（复位）、I/O（数据线）及 SCLK（串行时钟）三个口线。时钟/RAM 的读/写数据以一个字节或多达 31 个字节的字符组方式通信。DS1302 功耗很低，保持数据和时钟信息时功率小于 1 mW。DS1302 是由 DS1202 改进而来的，增加了双电源管脚用于主电源和备份电源供应 V_{CC1}。该芯片为可编程涓流充电电源，附加 7 个字节存储器，广泛应用于电话传真便携式仪器以及电池供电的仪器仪表等。

7.6.1　DS1302 外部封装及引脚功能

DS1302 包含了 DIP 和 SOIC 两种封装形式，如图 7 - 9 所示。

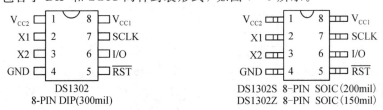

图 7 - 9　DS1302 封装形式

DS1302 引脚功能如下：

(1) V_{CC2}：主电源，一般接＋5 V 电源。

(2) V_{CC1}：辅助电源，一般接 3.6 V 可充电池。

(3) X1 和 X2：晶振引脚，接 32.768 kHz 晶振，通常该引脚上还要连接补偿电容。

(4) GND：电源地，接主电源及辅助电源的地端。

(5) SCLK：串行时钟输入端。

(6) I/O：数据输入/输出端。

(7) $\overline{\text{RST}}$：复位输入端。

7.6.2　DS1302 内部结构及工作原理

DS1302 的内部结构如图 7－10 所示，包括输入移位寄存器、控制逻辑、晶振、实时时钟和 31×8 RAM 等部分。

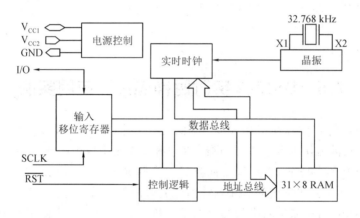

图 7－10　DS1302 内部结构

在进行数据传输时，$\overline{\text{RST}}$必须被置为高电平(注意虽然将它置为高电平，内部时钟仍可在晶振作用下运行，此时，允许外部读/写数据)。在每个 SCLK 上升沿时数据被输入，下降沿时数据被输出，一次只能读/写一位。读/写指令需要通过串行输入控制指令来实现(也是一个字节)，通过 8 个脉冲便可读取一个字节，从而实现串行数据的输入与输出。命令开始时，系统通过 8 个时钟周期载入控制字节到输入移位寄存器。如果控制指令选择的是单字节模式，连续的 8 个时钟脉冲可以进行 8 位数据的写和读操作。8 个脉冲便可读/写一个字节。SCLK 时钟为上升沿时，数据被写入 DS1302；SCLK 脉冲为下降沿时，读取 DS1302 的数据。在突发模式下，系统通过连续的脉冲一次性读/写完 7 个字节的时钟/日历寄存器(注意时钟/日历寄存器要读/写完毕)，也可以根据实际情况一次性读/写 8～32 位 RAM 数据。

7.6.3　DS1302 命令字节格式

每一数据的传送由命令字节进行初始化，DS1302 的命令字节格式如表 7－4 所示，最高位 MSB(D7 位)必须为逻辑 1，如果为 0 则禁止写 DS1302。D6 位为逻辑 0(CLK)，指定读/写操作时钟/日历数据；D6 位为逻辑 1(RAM)，指定读/写操作为 RAM 数据。D5～D1 位(A4～A0 地址)指定进行输入或输出的特定寄存器。最低有效位 LSB(D0 位)为逻辑 0，指定进行写操作(输入)；最低有效位 LSB(D0 位)为逻辑 1，指定读操作(输出)。命令字节总是从最低有效位 LSB(D0)开始输入，其中的每一位都是在 SCLK 的上升沿送出的。

表 7 - 4　DS1302 的命令字节格式

D7(MSB)	D6	D5	D4	D3	D2	D1	D0(LSB)
1	RAM/$\overline{\text{CLK}}$	A4	A3	A2	A1	A0	RD/$\overline{\text{W}}$

7.6.4　数据传输

　　所有的数据传输都是在 $\overline{\text{RST}}$ 置 1 时进行的，输入信号有两种功能：首先，$\overline{\text{RST}}$ 接通控制逻辑，允许地址/命令序列送入移位寄存器；其次，$\overline{\text{RST}}$ 提供终止单字节或多字节数据的传送操作。当 $\overline{\text{RST}}$ 为高电平时，所有的数据传送被初始化，允许对 DS1302 进行操作。如果在传送过程中 $\overline{\text{RST}}$ 置为低电平，则会终止此次数据传送，I/O 引脚变为高阻态。上电运行时，在 V_{cc} 大于或等于 2.5 V 之前，$\overline{\text{RST}}$ 必须保持低电平。只有在 SCLK 为低电平时，才能将 $\overline{\text{RST}}$ 置为高电平。I/O 为串行数据输入/输出端（双向），SCLK 始终是输入端。

　　数据的传输主要包括数据输入、数据输出以及突发模式，其传输格式如图 7 - 11 所示。

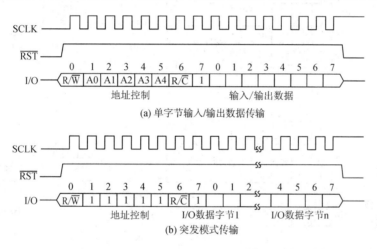

(a) 单字节输入/输出数据传输

(b) 突发模式传输

图 7 - 11　数据传输

　　数据输入：经过 8 个时钟周期的控制字节输入，一个字节的输入将在下 8 个时钟周期的上升沿完成，数据传输从字节最低位开始。

　　数据输出：经过 8 个时钟周期的控制读指令输入，控制指令串行输入后，一个字节的数据将在下 8 个时钟周期的下降沿被输出。注意：第一位是在最后一位控制指令所在脉冲的下降沿被输出，要求 $\overline{\text{RST}}$ 保持为高电平。

　　同理，8 个时钟周期的控制读指令若为突发模式，将会在脉冲的上升沿读入数据，下降沿读出数据，突发模式可进行多字节数据的一次性读/写，只需控制好脉冲即可。

　　突发模式：突发模式可以指定为任何时钟/日历或 RAM 的寄存器，位 6 指定时钟或 RAM，位 0 指定读或写。

　　对于 DS1302，在突发模式下写时钟寄存器，起始的 8 个寄存器用来写入相关数据，必须写完。但在突发模式下写 RAM 数据时，则没有必要全部写完。在突发模式下，每个字节都将被写入，而不论 31 字节是否写完。

7.6.5 DS1302 内部寄存器

1. DS1302 内部寄存器

DS1302 内部寄存器地址(命令)及数据寄存器分配情况如图 7-12 所示。图中，RD/$\overline{W}$ 为读/写保护位，RD/$\overline{W}$=0，寄存器数据能够写入；RD/$\overline{W}$=1，寄存器数据不能写入，只能读取。A/P=1，为下午模式；A/P=0，为上午模式。TCS 为涓流充电选择，TCS=1010，使能涓流充电；TCS=其他，禁止涓流充电。DS 为二极管选择位，DS=01，选择一个二极管；DS=10，选择两个二极管；DS=00 或 11，即使 TCS=1010，充电功能也被禁止。RS 位的功能如表 7-5 所示。

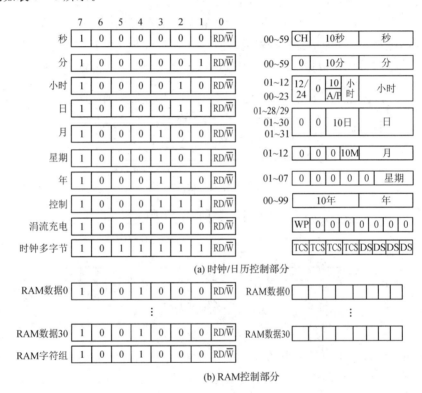

(a) 时钟/日历控制部分

(b) RAM控制部分

图 7-12 DS1302 寄存器地址(命令)及数据寄存器分配情况

表 7-5 RS 位的功能表

RS 位	电阻	典型位/kΩ	RS 位	电阻	典型位/kΩ
00	无	无	10	R2	4
01	R1	2	11	R3	8

2. DS1302 在可调时钟系统中的应用实例

使用 DS1302 日历时钟芯片，设计一个用数码管显示的时间可调时钟系统。

1) 任务分析

时间可调时钟系统的电路原理图如图 7-13 所示。DS1302 与微处理器进行数据交换时，首先由单片机向 DS1302 发送命令字节，命令字节最高位 MSB(D7)必须为逻辑 1。如果

D7＝0，则禁止写 DS1302，即写保护；D6＝0，指定时钟数据；D6＝1，指定 RAM 数据；D5～D1指定输入或输出的特定寄存器；最低位 LSB(D0)为逻辑 0，指定写操作(输入)；D0＝1，指定读操作(输出)。

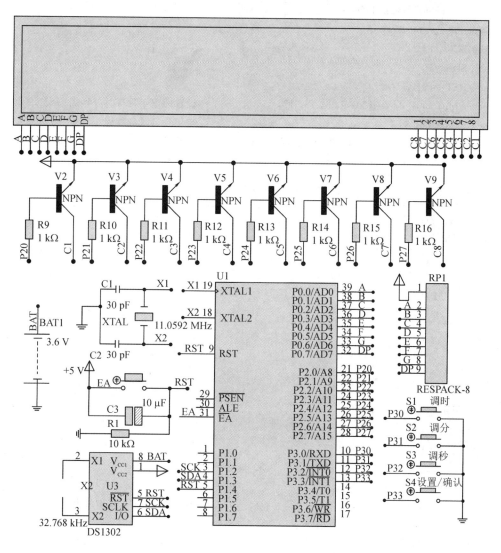

图 7 - 13　时间可调时钟系统的电路原理图

在 DS1302 的时钟日历或 RAM 进行数据传送时，DS1302 必须首先发送命令字节。若进行单字节传送，8 位命令字节传送结束之后，在下 2 个 SCLK 周期的上升沿输入数据字节，或在下 8 个 SCLK 周期的下降沿输出数据字节。

由于 DS1302 在 32.768 kHz 的时钟条件下工作，而单片机在 11.0592 MHz 时钟环境下工作，在单片机对 DS1302 进行操作时，由于单片机的工作速度很快，DS1302 可能无法响应，所以在程序中要适当增加一些延时，以使 DS1302 能够正确接收信号。

2) 编写 C51 程序

系统可采用模块式设计方法进行，由 DS1302 时钟读/写子程序文件(DS1302.h)和主程序文件(DS1302 可调时钟.c)构成。编写程序时，这两个文件应保存在同一项目中。

（1）"DS1302. h"程序。

```
#include <reg51.h>
#include <intrins.h>
#define uchar unsigned char
#define uint unsigned int
sbit SCK=P1^2;
sbit SDA=P1^3;
sbit RST=P1^4;
uchar time_buf1[8] = {20, 9, 3, 13, 17, 55, 00, 6};   //设置的空年月日时分秒周
uchar time_buf[8];                                     //空年月日时分秒周
/* * * * * * * * * * * DS1302：写入数据（先送地址，再写数据）* * * * * * * * * * * * * */
void ds1302_write_byte(uchar addr, uchar dat)          //向 DS1302 写入一字节数据
{
    uchar i;
    RST=1;                                             //启动 DS1302 总线
    addr = addr & 0xFE;                                //最低位清零
    for (i = 0; i < 8; i ++)                            //写入目标地址：addr
    {
        if (addr & 0x01)
        {  SDA=1; }                                     //双向数据 SDA 置为高电平
        else
        {  SDA=0;  }                                    //双向数据 SDA 置为低电平
        SCK=1;                                          //时钟信号 SCK 置为高电平
        SCK=0;                                          //时钟信号 SCK 置为低电平
        addr = addr >> 1;
    }
    for (i = 0; i < 8; i ++)                            //写入数据：dat
    {
        if (dat & 0x01)
        {  SDA=1; }                                     //双向数据 SDA 置为高电平
        else
        {  SDA=0;  }                                    //双向数据 SDA 置为低电平
        SCK=1;                                          //时钟信号 SCK 置为高电平
        SCK=0;                                          //时钟信号 SCK 置为低电平
        dat = dat >> 1;
    }
    RST=0;                                              //停止 DS1302 总线
}
/* * * * * * * * * * * DS1302：读取数据（先送地址，再读数据）* * * * * * * * * * * * */
uchar ds1302_read_byte(uchar addr)                     //从 DS1302 读出一字节数据
{
    uchar i, temp;
    RST=1;                                             //启动 DS1302 总线
```

```
        addr = addr | 0x01;                          //最低位置高电平
        for (i = 0; i < 8; i ++)                      //写入目标地址: addr
        {
            if (addr & 0x01)
                { SDA=1; }                            //双向数据 SDA 置为高电平
            else
                { SDA=0; }                            //双向数据 SDA 置为低电平
            SCK=1;                                    //时钟信号 SCK 置为高电平
            SCK=0;                                    //时钟信号 SCK 置为低电平
            addr = addr ≫ 1;
        }
        for (i = 0; i < 8; i ++)                      //输出数据: temp
        {
            temp = temp ≫ 1;
            if (SDA)
                {temp |= 0x80; }
            else
                {temp &= 0x7F; }
            SCK=1;                                    //时钟信号 SCK 置为高电平
            SCK=0;                                    //时钟信号 SCK 置为低电平
        }
        RST=0;                                        //停止 DS1302 总线
        return temp;
}
void ds1302_write_time(void)                          //向 DS1302 写入时钟数据
{
    uchar i, tmp;
/* DS1302 秒, 分, 时寄存器是 BCD 码形。可用 16 求商和余进行"高 4 位"和"低 4 位"分离 */
        for(i=0; i<8; i++)                            //BCD 处理
        {
            tmp=time_buf1[i]/10;
            time_buf[i]=time_buf1[i]%10;
            time_buf[i]=time_buf[i]+tmp*16;
        }
        ds1302_write_byte(0x8E, 0x00);               //0x8E 为控制数据地址, WP=0 写操作
        ds1302_write_byte(0x80, 0x80);               //0x80 为秒数据地址, 暂停
        ds1302_write_byte(0x90, 0xa9);               //0x90 为涓流充电
        ds1302_write_byte(0x8C, time_buf[1]);        //0x8C 为年数据
        ds1302_write_byte(0x88, time_buf[2]);        //0x88 为月数据
        ds1302_write_byte(0x86, time_buf[3]);        //0x86 为日数据
        ds1302_write_byte(0x8A, time_buf[7]);        //0x8A 为星期数据
        ds1302_write_byte(0x84, time_buf[4]);        //0x84 为小时数据
        ds1302_write_byte(0x82, time_buf[5]);        //0x82 为分数据
```

```
    ds1302_write_byte(0x80, time_buf[6]);        //0x80 为秒数据
    ds1302_write_byte(0x8E, 0x80);               //0x8E 为控制数据地址，WP=1 写保护
}
void ds1302_read_time(void)                      //从 DS302 读出时钟数据
{
  uchar i, tmp;
    time_buf[1]=ds1302_read_byte(0x8C);          //读取年数据
    time_buf[2]=ds1302_read_byte(0x88);          //读取月数据
    time_buf[3]=ds1302_read_byte(0x86);          //读取日数据
    time_buf[4]=ds1302_read_byte(0x84);          //读取小时数据
    time_buf[5]=ds1302_read_byte(0x82);          //读取分数据
    time_buf[6]=(ds1302_read_byte(0x80))&0x7F;   //读取秒数据
    time_buf[7]=ds1302_read_byte(0x8A);          //读取周数据
    for(i=0; i<8; i++)                           //BCD 处理
    {
        tmp=time_buf[i]/16;
        time_buf1[i]=time_buf[i]%16;
        time_buf1[i]=time_buf1[i]+tmp*10;
    }
}
void ds1302_init(void)                           //DS302 初始化函数
{
    RST=0;                                       //停止 DS1302 总线
    SCK=0;                                       //时钟信号 SCK 置为低电平
}
```

(2) "DS1302 可调时钟.c"程序。

```
# include <reg51.h>
# include "ds1302.h"
# define uchar unsigned char
# define uint unsigned int
# define LED   P0
# define CS    P2
sbit     SW1=P3^0;
sbit     SW2=P3^1;
sbit     SW3=P3^2;
sbit     SW4=P3^3;
bit    SetFlag;                                  //更新时间标志位
bit    ModifyFlag=1;                             //修改标志位
uchar TempData[8];                               //暂存获取的 DS1302 日期与时间数据
uchar LED_code[]={0xC0,0xF9,0xA4,0xB0,0x99,0x92,0x82,0xF8,
                                                 //共阳极 LED0~9 的段码
            0x80, 0x90, 0xBF, 0xFF};             //"0xBF"表示"_"
uchar dis_buff[8];                               //暂存 8 位显示段码值
```

```
uchar  Hour_H,Hour_L,Min_H,Min_L,Sec_H,Sec_L;//定义时、分、秒的十位和个位
void delay500（uint ms）
{
   uint i;
   while(ms——)
    {
       for(i = 0; i < 230; i++);
    }
}
void keyscan(void)                          //按键扫描函数
{
    uchar i，num;
        if(SW4==0)                          //SW4 是否按下
           {
             delay500(20);                  //等待
             if(SW4==0)                     //延时去抖
               {
                  num++;                     //统计 SW4 按下次数
                  if(num==1)                 //每次修改时间时必须先按下 SW4，才可修改
                {
                ModifyFlag=0;               //修改标志位为 0，表示允许修改时间
                ds1302_read_time();         //读取时钟信息
                for(i=1; i<8; i++)
                TempData[i]=time_buf1[i];   //获取 DS1302 日期与时间数据
                Hour_H=TempData[4]/10;      //获取小时的十位数据
                Hour_L=TempData[4]%10;      //获取小时的个位数据
                Min_H=TempData[5]/10;       //获取分钟的十位数据
                Min_L=TempData[5]%10;       //获取分钟的个位数据
                Sec_H=TempData[6]/10;       //获取秒钟的十位数据
                Sec_L=TempData[6]%10;       //获取秒钟的十位数据
                }
            else if(num==2)                 //修改完成后再次按下 SW4
               {
                TR0=0;                      //暂停定时器 0
                num=0;
                time_buf1[4]=(dis_buff[0] * 10+dis_buff[1]);
                                            //修改好的小时数据回送到 DS1302
                time_buf1[5]=(dis_buff[3] * 10+dis_buff[4]);
                                            //修改好的分钟数据回送到 DS1302
                time_buf1[6]=(dis_buff[6] * 10+dis_buff[7]);
                                            //修改好的秒钟数据回送到 DS1302
                ds1302_write_time();        //向 DS1302 写入修改好后时、分、秒数据
                ModifyFlag=1;
```

```
            TR0=1;                    //启动定时器0
        }
        while(! SW4);                 //等待按键释放
    }
}
if(ModifyFlag==0)                     //判断是否允许修改时间数据
{
    if(SW1==0)                        //判断是否修改小时数据
    {
        delay500(20);
        if(SW1==0)                    //延时去抖
        {
            Hour_L++;                 //每次按下SW1小时数据加1
            if(Hour_L==10)            //判断小时个位数据是否为10
            {
                Hour_L=0;             //小时个位数据清0
                Hour_H++;             //小时十位数据加1
            }
            if(Hour_H==2&&Hour_L==4)  //判断小时候数据是否为24
            {
                Hour_H=0;             //小时十位数据清0
                Hour_L=0;             //小时个位数据清0
            }
            dis_buff[0]=Hour_H;       //暂存修改好的小时十位数据
            dis_buff[1]=Hour_L;       //暂存修改好的小时个位数据
        while(! SW1);
        }
    }
}
if(SW2==0)                            //判断是否修改分钟数据
{
    delay500(20);
        if(SW2==0)
        {
            Min_L++;
            if(Min_L==10)
            {
                Min_H=0;
                Min_L++;
            }
            if(Min_H==6)
            {
                Min_H=0;
                Min_L=0;
```

```
                    }
                dis_buff[3]=Min_H;
                dis_buff[4]=Min_L;
                while(! SW2);
            }
    }
}
if(SW3==0)                                  //判断是否修改秒钟数据
{
delay500(20);
        if(SW3==0)
        {
                Sec_L++;
                if(Sec_L==10)
                {
                    Sec_L=0;
                    Sec_H++;
                 }
                if(Sec_H==6)
                {
                    Sec_H=0;
                    Sec_L=0;
                }
                dis_buff[6]=Sec_H;
                dis_buff[7]=Sec_L;
                while(! SW3);
            }
        }
    }
}
void timer0(void) interrupt 1 using 1        //定时器 0 中断，用于数码管扫描
{
  uchar i, num;
  TH0=0xF5;                                  //重装 3 ms 延时值
  TL0=0x33;
  LED=LED_code[dis_buff[i]];                 //查表法得到要显示数字的数码段
  switch(i)
  {
        case 0：CS=0x7F; break;              //选择点亮哪位数码管
        case 1：CS=0xBF; break;
        case 2：CS=0xDF; break;
        case 3：CS=0xEF; break;
        case 4：CS=0xF7; break;
        case 5：CS=0xFB; break;
```

```
          case 6：CS=0xFD；break；
          case 7：CS=0xFE；break；
      }
      i++；
      if(i==8)
      {
          i=0；
          num++；
          if(num==10)                      //隔段时间读取 DS1302 的数据，时间间隔可以调整
          {
              if(ModifyFlag==0)            //判断是否按下 SW4 修改键
              ；
              else                         //没有按下 SW4 修改键
              SetFlag=1；                  //使用标志位判断
              num=0；
          }
      }
}
void timer0_INT(void)                      //定时器 0 初始化
{
    TMOD|=0x01；                          //定时器设置 16 位
    TH0=0xF5；                            //晶振 11.0592 MHz 时设置定时 3 ms 初始值
    TL0=0x33；
    ET0=1；                               //允许定时器 0 中断
    TR0=1；                               //启动定时器 0
    EA=1；                                //开启总中断
}
void main(void)
{
    uchar i；
    timer0_INT()；                        //初始化定时器 0
    ds1302_init()；                       //DS1302 初始化函数
    delay500(15)；                        //延时用于稳定功能
    while(1)
    {
        keyscan()；                       //调用按键扫描函数
        if(SetFlag)
        {
            SetFlag=0；
            ds1302_read_time()；          //读取时钟信息
            for(i=1；i<8；i++)
            TempData[i]=time_buf1[i]；
            dis_buff[0]=TempData[4]/10；
```

```
        dis_buff[1]=TempData[4]%10;
        dis_buff[2]=10;                      //显示"-"
        dis_buff[3]=TempData[5]/10;
        dis_buff[4]=TempData[5]%10;
        dis_buff[5]=10;                      //显示"-"
        dis_buff[6]=TempData[6]/10;
        dis_buff[7]=TempData[6]%10;
    }
  }
}
```

思 考 与 练 习

1. 编码键盘与非编码键盘各有哪些特点？

2. 简述矩阵式键盘的工作原理。

3. 使用 HD44780 内置字符集，在 SMC1602A 液晶的第 1 行显示字符串"Welcome"，第 2 行显示字符串"AT89C51RC"，试编写 C51 程序。

4. A/D 转换的作用是什么？在单片机应用系统中，什么场合可用到 A/D 转换？

5. ADC0809 的 IN1 外接一个电位器，转动电位器，数码管能显示通过 ADC0809 进行模/数转换后所对应的数值，数值范围为 0～255，试编写 C51 程序。

6. 试用 ADC0832 设计一个 LCD1602 显示的数字电压表，测量范围为 0～5 V，要求画出硬件连接图并编写 C51 程序。

7. 什么是 D/A 转换器？如何进行分类？

8. 试用 DAC0832 设计一个三角波信号发生器，要求画出硬件连接图并编写 C51 程序。

9. 试用 TLC5615 设计一个阶梯波信号发生器，要求画出硬件连接图并编写 C51 程序。

10. 试用 DS1302 设计一个 LCD1602 显示的可调时钟系统，要求画出硬件连接图并编写 C51 程序。

11. 阐述 DS18B20 测温原理。

12. 试用 DS18B20 设计一个可调温度报警系统，测温范围为 −55～+125 ℃，要求画出硬件连接图并编写 C51 程序。

第8章

单片机综合应用

8.1　单片机系统设计基本要求和步骤

8.1.1　系统设计的基本要求

1. 可靠性要高

应用系统在满足使用功能的前提下，应具有较高的可靠性。这是因为单片机系统完成的任务是系统前端信号的采集和控制输出，一旦系统出现故障，必将造成整个生产过程的混乱和失控，从而产生严重的后果。因此，对可靠性的考虑应贯穿于单片机应用系统设计的整个过程。

在设计时对系统的应用环境要进行细致的了解，认真分析可能出现的各种影响系统可靠性的因素，采取切实可行的措施排除故障隐患。

在总体设计时应考虑故障自动检测和处理功能。在系统正常运行时，定时地进行各个功能模块的自诊断，并对外界的异常情况做出快速处理。对于无法解决的问题，应及时切换到后备装置或报警。

2. 使用和维修要方便

在总体设计时应考虑使用和维修系统的便利性，尽量降低对计算机专业知识的要求，以便于系统的广泛使用。

系统的控制开关不能太多，不能太复杂，操作顺序应简单明了，参数的输入/输出应采用十进制，功能符号要简明直观。

3. 性价比要高

为了使系统具有良好的市场竞争力，在提高系统功能指标的同时，还要优化系统设计，采用硬件软化技术提高系统的性价比。

8.1.2　系统设计的步骤

1. 确定任务

单片机应用系统可以分为智能仪器仪表和工业测控系统两大类。无论哪一类，都必须以市场需求为前提。所以，在系统设计前，首先要进行广泛的市场调查，了解该系统的市场应用概况，分析系统当前存在的问题，研究系统的市场前景，确定系统开发设计的目的和目标。简单地说，就是通过调研克服旧缺点、开发新功能。

在确定了大方向的基础上，应对系统的具体实现进行规划，包括应该采集的信号种类、数量、范围，输出信号的匹配和转换，控制算法的选择，技术指标的确定等。

2. 方案设计

1）单片机机型和器件的选择

（1）性能特点要适合所要完成的任务，避免过多的功能闲置。

（2）性价比要高，以提高整个系统的性价比。

（3）结构原理要具有普适性，以缩短开发周期。

（4）货源要稳定，有利于批量增加和系统维护。

2）硬件与软件的功能划分

系统的硬件和软件要进行统一的规划。因为一种功能往往既可以由硬件实现，又可以由软件实现。用硬件实现速度比较快，可以节省 CPU 的时间，但系统的硬件接线复杂、成本较高。用软件实现则较为经济，但要占用更多的 CPU 时间。所以，在 CPU 时间较充裕的情况下，应尽量采用软件。如果系统回路多、实时性要求强，则要考虑用硬件完成。

3. 硬件设计

硬件设计是根据总体设计要求，在选择完单片机机型的基础上，具体确定系统中所要使用的元件，并设计出系统的电路原理图，经过必要的实验后完成工艺结构设计、电路板制作和样机的组装。主要硬件设计包括：

（1）单片机电路设计。

（2）扩展电路设计。

（3）输入/输出通道设计。

（4）控制面板设计。

4. 软件设计

单片机应用系统的设计中，软件设计占有重要的位置。单片机应用系统的软件通常包括数据采集和处理程序、控制算法实现程序、人机联系程序、数据管理程序。软件设计通常采用模块化程序设计、自顶向下的程序设计方法。

8.2　电子表程序设计

电子表是单片机简单系统最典型的应用实例，本节学习使用动态扫描的方式实现 6 位数码管组成的电子表的设计方法，主要目的是让读者掌握结构化程序的设计方法，了解利用数组变量实现数码管数字显示技巧，并熟练掌握键盘的控制编程方式。

本案例设计分阶段进行，首先利用定时器的中断实现时钟的显示，利用按键程序实现时间调整，并通过定时器中断实现调整时数字的闪烁。

8.2.1　设计任务

电子表使用 6 位数码管显示时分秒，每个单位占用两个数码管。使用 4 个键控制，硬件电路如图 8-1 所示。六位数码管的段选连接在单片机的 P0 端口，位选连接在单片机的 P2 端口，从右至左分别连接到 P2.0 到 P2.5 端口。键盘连接在 P3.2 到 P3.5 端口。蜂鸣器连接在单片机的 P1.7 端口。

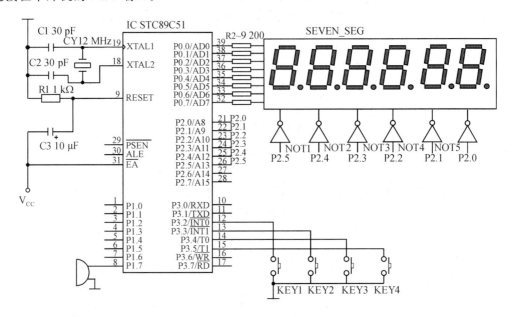

图 8-1　硬件电路图

8.2.2　系统功能分析

1. 键盘控制

键盘控制是本设计中的重要部分，最终应在键盘上实现全部功能的调整。首先需要定义各个按键的主要功能，KEY1 键负责调整模式的选择，带有去抖功能，每按下一次，改变一次状态，共有 4 种状态，启动默认进入正常状态，其后依次为调秒、调分、调时状态。KEY2、KEY3 在对应的模式下进行加或者减，也带有去抖功能。KEY4 键为快速返回按钮，按下此键后，立刻从其他状态进入正常状态。

2. 显示时间输出

显示终端为 6 位数码管，从左到右分别显示时、分、秒，小时、分钟和秒钟各占 2 位数码管共 6 位。在调整过程中，要求对应的调整位置以 0.5 s 的速度进行闪烁，以示区别。

8.2.3　实例代码

实例代码如下：

```
/ * * * * * * * * * * * * * * * * * * * * * * * * * * * * * * * * * * * * * * * * * /
#include<reg51.h>
#define    uchar unsigned char
uchar i = 0, j = 0, k, flash, flash = 0x00;
char sec, min, hou;
uchar key1_down, key2_down, key3_down, key4_down, key1_mode;
code uchar seven_seg[] = {0xc0, 0xf9, 0xa4, 0xb0, 0x99, 0x92, 0x82, 0xf8, 0x80, 0x90};
code uchar seven_bit[] = {0xfe, 0xfd, 0xfb, 0xf7, 0xef, 0xdf};
```

```
sbit key1 = P3^2;
sbit key2 = P3^3;
sbit key3 = P3^4;
sbit key4 = P3^5;
void delay (uchar x)                //延迟函数
{
    while(x--);
}
void key_scan(void)                 //按键扫描函数
{
    if(key1 == 0)                   //按键 1
    {
        key1 = 1;
        delay(3000);
        if(key1 == 0) key1_down = 1;
    }
if(key1 == 1 && key1_down == 1)
{
  key1_mode++;
  key1_down = 0;
  if(key1_mode == 4)key1_mode = 1;
}
if(key2 == 0)                       //按键 2
{
    key2 = 1;
    delay(3000);
    if(key2 == 0)key2_down = 1;
}
if(key2 == 1 && key2_down == 1 && key1_mode == 1)
{
    key2_down = 0;
    sec++;
}
if(key2 == 1 && key2_down == 1 && key1_mode == 2)
{
    key2_down = 0;
    min++;
}
if(key2 == 1 && key2_down == 1 && key1_mode == 3)
{
    key2_down = 0;
    hou++;
}
```

```
if(key3 == 0)                       //按键3
{
    key3 = 1;
    delay(3000);
    if(key3 == 0) key3_down = 1;
}
if(key3 == 1 && key3_down == 1 && key1_mode == 1)
{
    key3_down = 0;
    sec--;
    if( sec < 0)
sec = 59;
}
if(key2 == 1 && key2_down == 1 && key1_mode == 2)
{
    key3_down = 0;
    min--;
    if( min < 0)
    min = 59;
}
if(key2 == 1 && key2_down == 1 && key1_mode == 3)
{
    key3_down = 0;
    hou--;
    if( hou < 0)
    sec = 23;
}
if(key4 == 0)                       //按键4
{
    key4 = 1;
    delay(3000);
    if(key4 == 0)key4_down = 1;
}
if(key4 == 1 && key4_down == 1)
{
    key4_down = 0;
    key1_mode = 0;
}
}
void timer0_init(void)              //初始化
{
    TMOD = 0x01;
    TH0 = 0xec;
```

```
        TL0 = 0x78;
        TR0 = 1;
        EA = 1;
        ET0 = 1;
}
void timer0_isr(void) interrupt 1          //中断
{
        TR0 = 0;
        EA = 0;
        TH0 = 0xec;
        TL0 = 0x78;
        TR0 = 1;
        EA = 1;
        i++;
        if(i >= 100)                       //半秒
        {
            flash = ~flash;
            k++;
            i = 0;
        }
    if(k >= 2)                             //刚好 1 s
    {
        k = 0;
        sec++;
    }
    if(sec >= 60)
    {
        sec = 0;
        min++;
    }
    if(min >= 60)
    {
        min = 0;
        hou++;
    }
    P2 = 1;
    if(key1_mode == 0)                     //正常显示
    {
        switch(j)
        {
            case 0: P0 = seven_seg[sec%10] ; break;
            case 1: P0 = seven_seg[sec/10]; break;
            case 2: P0 = seven_seg[min%10] & 0x7f; break;
```

```c
            case 3: P0 = seven_seg[min/10]; break;
            case 4: P0 = seven_seg[hou%10] & 0x7f; break;
            case 5: P0 = seven_seg[hou/10]; break;
        }
        P2 = seven_bit[j];
        j++;
        if(j==6)j=0;
    }
    if(key1_mode == 1)                  //选定秒
    {
        k = 0;
        switch(j)
        {
            case 0: P0 = seven_seg[sec%10] | flash; break;
            case 1: P0 = seven_seg[sec/10] | flash; break;
            case 2: P0 = seven_seg[min%10] & 0x7f ; break;
            case 3: P0 = seven_seg[min/10]; break;
            case 4: P0 = seven_seg[hou%10] & 0x7f ; break;
            case 5: P0 = seven_seg[hou/10]; break;
        }
        P2 = seven_bit[j];
        j++;
        if(j==6)j=0;
    }
    if(key1_mode == 2)                  //选定分
    {
        switch(j)
        {
            case 0: P0 = seven_seg[sec%10] ; break;
            case 1: P0 = seven_seg[sec/10] ; break;
            case 2: P0 = seven_seg[min%10] & 0x7f | flash ; break;
            case 3: P0 = seven_seg[min/10] | flash; break;
            case 4: P0 = seven_seg[hou%10] & 0x7f ; break;
            case 5: P0 = seven_seg[hou/10]; break;
        }
        P2 = seven_bit[j];
        j++;
        if(j==6)j=0;
    }
    if(key1_mode == 3)                  //选定时
    {
        switch(j)
        {
```

```
        case 0：P0 = seven_seg[sec%10]；break；
        case 1：P0 = seven_seg[sec/10]；break；
        case 2：P0 = seven_seg[min%10] & 0x7f；break；
        case 3：P0 = seven_seg[min/10]；break；
        case 4：P0 = seven_seg[hou%10] & 0x7f | flash；break；
        case 5：P0 = seven_seg[hou/10] | flash；break；
    }
    P2 = seven_bit[j]；
    j++；
        if(j==6)j=0；
    }
}
void main(void)
{
    sec = 55；
    min = 59；
    hou = 10；
    timer0_init()；
    while(1)
        key_scan()；
}
/ * * * * * *
```

8.3　数字式热敏电阻温度计

8.3.1　热敏电阻温度转换原理

热敏电阻是近年来发展起来的一种新型半导体感温元件。由于它具有灵敏度高、体积小、重量轻、热惯性小、寿命长以及价格便宜等优点，因此应用非常广泛。

热敏电阻与普通热电阻不同，它具有负的电阻温度特性，当温度升高时，电阻值减小。其特性曲线如图 8-2 所示。热敏电阻的阻值—温度特性曲线是一条指数曲线，非线性度较大，因此在使用时要进行线性化处理。线性化处理虽然能改善热敏电阻的特性曲线，但比较复杂。因此，常在要求不高的一般应用中，做出在一定的温度范围内温度与阻值呈线性关系的假定，以简化计算。热敏电阻的应用是为了感知温度，给热敏电阻通以恒定的电流，测量电阻两端就可得到一个电压，然后可以通过下列公式求得温度：

$$T = T_0 - KV_T$$

式中：T——被测温度；

T_0——与热敏电阻特性有关的温度参数；

K——与热敏电阻特性有关的系数；

V_T——热敏电阻两端的电压。

如能测得热敏电阻两端的电压，结合已知参数 T_0 和系数 K，即可计算出热敏电阻的环境温度，也就是被测温度。这样就把电阻随温度的变化关系转化为电压随温度变化的关系。数字式电阻温度计设计工作的主要内容，就是把热敏电阻两端的电压值经 A/D 转换成数字量，然后通过软件方法计算得到温度值，再进行显示等处理。

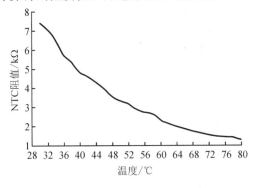

图 8-2　热敏电阻温度曲线

8.3.2　基本电路

数字式热敏电阻温度计使用 ADC0809 进行 A/D 转换。其硬件电路图如图 8-3 所示。

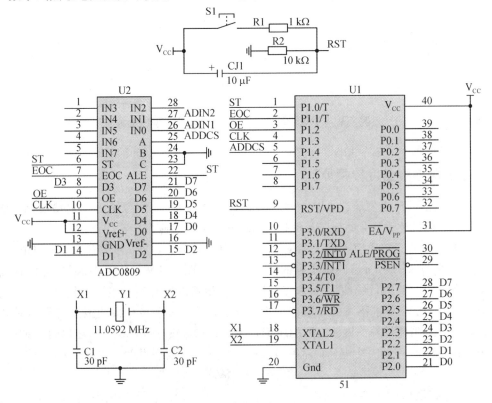

图 8-3　硬件电路图

热敏电阻 RT 串联一个普通电阻 R 再接电源+5 V，取 RT 电压经 IN0 送至 ADC0809进行转换。转换启动信号(START)和地址锁存信号(ALE)连接在一起，由 $\overline{\text{WR}}$ 信号控制地址写入，进行通道的选择。按图 8-3 连接情况，通道 IN0 的地址为 4000H。转换后的数据以定时传送方式送至 ADC0809。所以要运行一个 100 μs 的延时子程序，以等待 A/D 转换完成后进行数据的读操作，则口地址和 RD 信号相与后再传送到 OE。当 $\overline{\text{RD}}$ 有效时，转换数据送上数据总线，由 ADC0809 接收。

8.3.3　程序设计

1. 温度计算程序

在温度计算公式中，系数值 K 是一个很小的数，为计算方便，取扩大 256 倍后的 K 值与 V_T 做乘法运算，即 $256 \times K \times V_T$。相乘后，如果只取乘积的高 8 位而舍弃其低 8 位，就可以抵消 K 的 256 倍扩大，得到正确的结果。

另外，从图 8 - 2 热敏电阻的阻值－温度特性可以看出，在＋10 ℃～＋150 ℃的温度范围内，阻值与温度的关系线性度较好。通常这个温度范围作为有效温度范围。当温度超出此范围时，以数码管全部显示 F 作为标志。

假定六位数码管显示缓冲区的存储单元为内部 RAM 27H～2CH(对应 LED0～LED5)。输入的 A/D 转换电压(V_T)在累加器 A 中，扩大 256 倍后的 K 值为 XXH，T0 值为 YYH。

温度计算程序如下：

```
COMP:  MOV   B，#XXH              //扩大 256 倍的 K 值送 B
       MUL   AB                   //256×K×V_T
       MOV   A，#YYH              //T0 值送 A，舍弃乘积低 8 位
       CLR   C                    //清进位位
       SUBB  A，B                 //T0-K×V_T
       CJNE  A，#0AH，COMP1
COMP1: JNC   COMP3                //温度高于 10℃转移
       CJNE  A，#96H，COMP2
COMP2: JC    COMP3                //温度低于 150℃转移
       MOV   27H，#0FH            //超出有效温度范围显示 F
       MOV   28H，#0FH
       MOV   29H，#0FH
       MOV   2AH，#0FH
       MOV   2BH，#0FH
       MOV   2CH，#0FH
       ACALLDISP                  //调用显示子程序
COMP3: RET
```

2. 温度值转换为十进制数程序

计算得到的温度值存储在累加器 A 中，但以十六进制数的形式存在，LED 显示则需要转换为十进制数。由于有效温度不超过 150℃，所以温度显示使用三位数码管，其显示格式为 AD　XXX(其中 XXX 为温度值)。转换程序为：

```
       MOV   R1，#00H
       MOV   R2，#00H
       CLR   C
CHAN:  SUBB  A，#64H              //减 100
```

```
        JC    CHAN1            //不够减，转
        INC   R1               //够减，有效位置 1
        AJMP  CHAN2
CHAN1：ADD   A，#64H           //恢复系数
CHAN2：SUBB  A，#0AH           //减 10
        JC    CHAN3            //不够减，转
        INC   R2               //够减，十位数加 1
        AJMP  CHAN2            //重复减 10
CHAN3：ADD   A，#0AH           //还原个位数
        MOV   27H，#0AH
        MOV   28H，#0DH
        MOV   29H，#10H

        MOV   2AH，A
        MOV   2BH，R2
        MOV   2CH，R1
        RET
```

3. 显示子程序

假定段控口地址为 88H，位控口地址为 8CH。

```
DISP：  MOV   R6，#27H          //指向显示缓冲区首址
        MOV   R7，#20H          //指向显示器最高位
        MOV   R0，#88H          //段控口地址
        MOV   R1，#8CH          //位控口地址
DISP1： MOV   A，#00H           //各位数码管清 0
        MOVX  @R0，A
        MOV   A，R7
        MOV   @R1，A
        RRC   A
        JC    DISP2
        MOV   R7，A
        AJMP  DISP1
DISP2： MOV   R7，#20H          //重新指向显示器最高位
DISP3： MOV   A，R7
        MOVX  @R1，A            //输出位控码
        MOV   A，@R0            //取出显示数据
        ADD   A，#0EH
        MOVC  A，@A+PC          //查表，字形码送 A
        MOVX  @R0，A            //输出字形码
        ACALL DELAY            //延时
        INC   R6               //指向下一缓冲单元
        MOV   A，R7
        JB    ACC.0，DISP4      //到最低位则转
```

```
        RR        A
        MOV       R7, A
        AJMP      DISP3
DISP4: RET
DSEG: DB          3FH, 06H, 5BH, 4F, 66H
        DB        6DH, 7DH, 07H, 7FH, 6FH
        DB        77H, 7CH, 39H, 5EH, 79H
        DB        71H, 00H
        END
```

思 考 与 练 习

1. 单片机应用系统的设计有哪些要求？

2. 单片机应用系统的设计有哪些步骤？

3. 根据图 8-4 所示的电路，完成程序设计，实现 LED 闪烁。

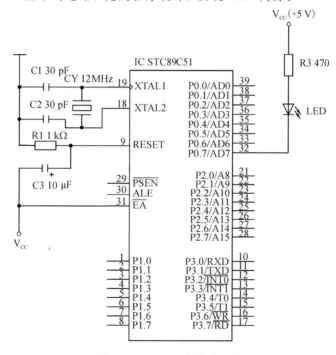

图 8-4 LED 闪烁实验电路

4. 跑马灯又叫流水灯，能够达到明灭交替顺序显示的效果，利用单片机的 P0 端口驱动 8 只 LED 可以实现跑马灯效果。程序中可以先使 P0 = 0x01，再加入延时，然后将 P0 左移一位，依次循环，并判断如果 P0 为 0 时，重新赋值 0x01，完成上述程序的设计。

5. 列出单片机内部所有特殊功能的寄存器名称。

6. 采用外部中断实现 4 个按键输入，用一个数码管显示按键编号，画出电路并设计程序。

7. 在 4×4 键盘矩阵中，没有按键按下数码管会显示 88，现要求没有按键按下时，显示 "NO"，完成该程序设计。

8. 寻找一个电子表，了解其功能并仔细观察按键控制方式。

附录 I

MCS-51 单片机指令表

序号	助记符	功　能	字节	周期
1	ACALL add11	绝对调用子程序	2	2
2	ADD　A，Rn	寄存器与累加器求和	1	1
3	ADD　A，direct	直接地址与累加器求和	2	1
4	ADD　A，@Ri	寄存器间址 RAM 与累加器求和	1	1
5	ADD　A，#data	立即数与累加器求和	2	1
6	ADDC A，Rn	寄存器与累加器求和(带进位)	1	1
7	ADDC A，direct	直接地址与累加器求和(带进位)	2	1
8	ADDC A，@Ri	寄存器间址 RAM 与累加器求和(带进位)	1	1
9	ADDC A，♯data	立即数与累加器求和(带进位)	2	1
10	AJMP add11	无条件绝对转移	2	2
11	ANL　A，Rn	寄存器"与"到累加器	1	1
12	ANL　A，direct	直接地址"与"到累加器	2	1
13	ANL　A，@Ri	寄存器间址 RAM"与"到累加器	1	1
14	ANL　A，♯data	立即数"与"到累加器	2	1
15	ANL　direct，A	累加器"与"到直接地址	2	1
16	ANL　direct，♯data	立即数"与"到直接地址	3	2
17	ANL　C，bit	直接寻址位"与"到进位标志位	2	2
18	ANL　C，/bit	直接寻址位的反码"与"到进位标志位	2	2
19	CJNE A，direct，rel	比较直接地址和累加器，不相等转移	3	2
20	CJNE A，♯data，rel	比较立即数和累加器，不相等转移	3	2
21	CJNE Rn，♯data，rel	比较寄存器和立即数，不相等转移	3	2
22	CJNE @Ri，♯data，rel	比较立即数和寄存器间址 RAM 不相等转移	3	2
23	CLR　A	累加器清零	1	1
24	CLR　C	清零进位标志位	1	1
25	CLR　bit	清零直接寻址位	2	1
26	CPL　A	累加器求反	1	1
27	CPL　C	取反进位标志位	1	1
28	CPL　bit	取反直接寻址位	2	1
29	DA　A	累加器十进制调整	1	1
30	DEC　A	累加器减 1	1	1
31	DEC　Rn	寄存器减 1	1	1
32	DEC　direct	直接地址减 1	2	1
33	DEC　@Ri	寄存器间址 RAM 减 1	1	1

续表一

序号	助记符		功　　能	字节	周期
34	DIV	AB	累加器 A 除以 B 寄存器	1	4
35	DJNZ	Rn, rel	寄存器减 1, 不为 0 则转移	2	2
36	DJNZ	direct, rel	直接地址减 1, 不为 0 则转移	3	2
37	INC	A	累加器加 1	1	1
38	INC	Rn	寄存器加 1	1	1
39	INC	direct	直接地址加 1	2	1
40	INC	@Ri	寄存器间址 RAM 加 1	1	1
41	INC	DPTR	数据指针加 1	1	2
42	JB	bit, rel	如果直接寻址位为 1 则转移	3	2
43	JBC	bit, rel	直接寻址位为 1 则转移并清除该位	3	2
44	JC	rel	如果进位标志位为 1 则转移	2	2
45	JMP	@A+DPTR	相对 DPTR 的无条件间接转移	1	2
46	JNB	bit, rel	如果直接寻址位为 0 则转移	3	2
47	JNC	rel	如果进位标志位为 0 则转移	2	2
48	JNZ	rel	累加器 A 为 1 则转移	2	2
49	JZ	rel	累加器 A 为 0 则转移	2	2
50	LCALL	add16	长调用子程序	3	2
51	LJMP	add16	无条件长转移	3	2
52	MOV	A, Rn	寄存器传送到累加器	1	1
53	MOV	A, direct	直接地址传送到累加器	2	1
54	MOV	A, @Ri	寄存器间址 RAM 传送到累加器	1	1
55	MOV	A, #data	立即数传送到累加器	2	1
56	MOV	Rn, A	累加器传送到寄存器	1	1
57	MOV	Rn, direct	直接地址传送到寄存器	2	1
58	MOV	Rn, #data	立即数传送到寄存器	2	1
59	MOV	direct, A	累加器传送到直接地址	2	1
60	MOV	direct, Rn	寄存器传送到直接地址	2	1
61	MOV	direct2, direct1	直接地址传送到直接地址	3	2
62	MOV	direct, @Ri	寄存器间址 RAM 传送到直接地址	2	2
63	MOV	direct, #data	立即数传送到直接地址	3	2
64	MOV	@Ri, A	累加器传送到寄存器间址 RAM	1	1
65	MOV	@Ri, direct	直接地址传送到寄存器间址 RAM	2	2
66	MOV	@Ri, #data	立即数传送到寄存器间址 RAM	2	1
67	MOV	C, bit	直接寻址位传送到进位标志位	2	2
68	MOV	bit, C	进位标志位传送到直接寻址位	2	2
69	MOV	DPTR, #data16	16 位常数加载到数据指针	3	2
70	MOVC	A, @A+DPTR	ROM 字节传送到累加器(8 位寻址)	1	2
71	MOVC	A, @A+PC	ROM 字节传送到累加器(16 位寻址)	1	2
72	MOVX	A, @Ri	外部 RAM 字节传送到累加器(8 位寻址)	1	2
73	MOVX	A, @DPTR	外部 RAM 字节传送到累加器(16 位寻址)	1	2

序号	助记符	功　　能	字节	周期
74	MOVX @Ri，A	累加器传送到外部 RAM(8 位寻址)	1	2
75	MOVX @DPTR，A	累加器传送到外部 RAM(16 位寻址)	1	2
76	MUL　AB	累加器 A 和 B 寄存器相乘	1	4
77	NOP	空操作，用于短暂延时	1	1
78	ORL　A，Rn	寄存器"或"到累加器	1	1
79	ORL　A，direct	直接地址"或"到累加器	2	1
80	ORL　A，@Ri	寄存器间址 RAM"或"到累加器	1	1
81	ORL　A，♯data	立即数"或"到累加器	2	1
82	ORL　direct，A	累加器"或"到直接地址	2	1
83	ORL　direct，♯data	立即数"或"到直接地址	3	2
84	ORL　C，bit	直接寻址位"或"到进位标志位	2	2
85	ORL　C，/bit	直接寻址位的反码"或"到进位标志位	2	2
86	POP　direct	堆栈弹出到直接地址	2	2
87	PUSH direct	直接地址压入堆栈	2	2
88	RET	从子程序返回	1	2
89	RETI	从中断服务子程序返回	1	2
90	RL　　A	累加器循环左移	1	1
91	RLC　A	带进位累加器循环左移	1	1
92	RR　　A	累加器循环右移	1	1
93	RRC　A	带进位累加器循环右移	1	1
94	SETB C	置位进位标志位	1	1
95	SETB bit	置位直接寻址位	2	1
96	SJMP rel	无条件相对短转移	2	2
97	SUBB　A，Rn	累加器减去寄存器(带借位)	1	1
98	SUBB　A，direct	累加器减去直接地址(带借位)	2	1
99	SUBB　A，@Ri	累加器减去寄存器间址 RAM(带借位)	1	1
100	SUBB　A，♯data	累加器减去立即数(带借位)	2	1
101	SWAP A	累加器高、低 4 位交换	1	1
102	XCH　A，Rn	寄存器和累加器交换	1	1
103	XCH　A，direct	直接地址和累加器交换	2	1
104	XCH　A，@Ri	寄存器间址 RAM 和累加器交换	1	1
105	XCHD A，@Ri	寄存器间址 RAM 和累加器交换低 4 位	1	1
106	XRL　A，Rn	寄存器"异或"到累加器	1	1
107	XRL　A，direct	直接地址"异或"到累加器	2	1
108	XRL　A，@Ri	寄存器间址 RAM"异或"到累加器	1	1
109	XRL　A，♯data	立即数"异或"到累加器	2	1
110	XRL　direct，A	累加器"异或"到直接地址	2	1
111	XRL　direct，♯data	立即数"异或"到直接地址	3	2

附录Ⅱ

MedWin 仿真软件的使用

1. 简介

MedWin 是万利电子有限公司 Insight® 系列仿真开发系统的高性能集成开发环境，如图 1 所示。集编辑、编译/汇编、在线及模拟调试为一体，具有 VC 风格的用户界面，内嵌自主版权的宏汇编器和连接器，并完全支持 Franklin/Keil C 扩展 OMF 格式文件，支持所有变量类型及表达式，配合 Insight® 系列仿真器，是开发 80C51 系列单片机的理想工具。

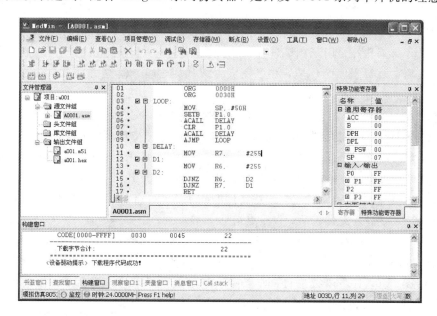

图 1　MedWin 集成开发环境窗口界面

2. MedWin 集成开发环境的特点

（1）具有完美的 Windows 版集成开发环境。

（2）内嵌自主版权的宏汇编器 A51 和连接器 L51，支持 Keil/Franklin 编译、连接工具。

（3）具有分别独立控制项目文件的工程项目管理器。

（4）在工程项目管理下，可实现多模块和混合语言编程调试。

（5）具有 VC 风格的窗口停驻、窗口切分和工作簿模式界面。

（6）具有在线编辑、编译/汇编、连接下载运行和错误关联定位。

（7）可实现符合编程语言语法的彩色文本显示。

（8）具有完全的表达式分析，支持所有数据类型变量的观察。

（9）具有无须点击的感应式鼠标提示功能。

（10）具有外部功能部件编程向导。

（11）不限制打开数据区观察窗口的数目。

（12）可实现调试状态下用户程序自动重装功能。

（13）提供真实的软件模拟仿真开发环境。

3. 获得 MedWin 安装程序

MedWin 集成开发环境安装程序可从以下 3 种方式免费获得：

（1）购买仿真器时，随机提供的光盘。

（2）向公司或代理商索取。

（3）通过因特网下载，网址为 http：//www. manley. com. cn。

4. 安装 MedWin

点击安装文件，根据提示操作即可。

5. 使用说明

MedWin 调试软件是用来调试单片机软件程序的一个非常方便的应用软件。它提供了一个编写汇编语言源程序的环境，并可完成生成代码文件、模拟仿真、输出十六进制文件等操作。

（1）进入 MedWin。用鼠标双击桌面上的"MedWin 中文版"图标（或者选择"开始"→"程序"→"MedWin"），然后选择"模拟仿真"按钮，即可进入 MedWin 主界面。

（2）打开或建立一个新文件。选择菜单栏"文件 F"，单击"打开"，此时弹出"open file"对话框，在 "file name"栏中选择需要打开的文件，点击"打开"。如果需要建立一个新文件，就在 "file name"栏中输入文件名，注意文件的扩展名是". asm"。若需建立 C 语言源程序，则扩展名为". c"。输入文件名后，直接点击回车键。

（3）编写程序。将源程序输入并进行修改，确定无误后选择菜单栏"文件"，点击"保存"。

（4）产生代码并装入。选择菜单栏"项目管理"，点击"产生代码并装入"。如果菜单下方没有提示错误，可以往下继续进行；如果提示有错误则必须修改源程序，修改后再重新选择菜单栏"项目管理"，点击"产生代码并装入"。

（5）模拟运行。在菜单栏右侧位置有一排图标，点击"SFR""Register"打开特殊功能寄存器状态栏、工作寄存器状态栏，选择 "单步运行 step""跟踪运行"或"全速运行"进行模拟运行，停止可选择"停止"或"复位 reset"。

（6）其他功能。MedWin 还提供了其他一些功能，如"设置断点 ""系统仿真""输出 hex 文件"等。

（7）提示。命令功能易从其名称上看出，使用时只需单击相应按钮即可。在这里主要提示以下几点。

① 设置/清除断点。设置断点可使程序在全速运行情况下到断点处停止（断点所在行不运行）。

② 指令跟踪和指令单步。这两个指令的区别主要在对子程序的执行上。指令跟踪可以

实现在子程序内部进行单步执行；而指令单步则会一次将整个子程序执行结束，然后跳到
子程序的下一个语句上。

6. MedWin 菜单命令介绍

1）文件（F）

"文件"菜单内容如图 2 所示，包含以下操作。

（1）新建（N）。新建文件，在输入文件名时必须输入文件的扩展名。如果是程序文件，汇编语言扩展名必须为".asm"，C 语言扩展名必须为".c"。

（2）打开（O）。打开用户程序文件，可以在文件捡取框中选择，也可以在文件捡取框中直接输入文件名，当文件名不存在时，系统默认为新建文件。

（3）打开项目文件（P）。打开 MedWin 集成开发环境项目文件，项目文件的扩展名为".mpf"。打开后，根据需要可以将打开的项目文件添加到项目管理器中。

（4）保存（S）或选择 Ctrl+S。用于保存当前激活的文件。

（5）另存为（A）。将当前激活的文件另存为指定的文件。

（6）退出（X）。退出 MedWin 集成开发环境。

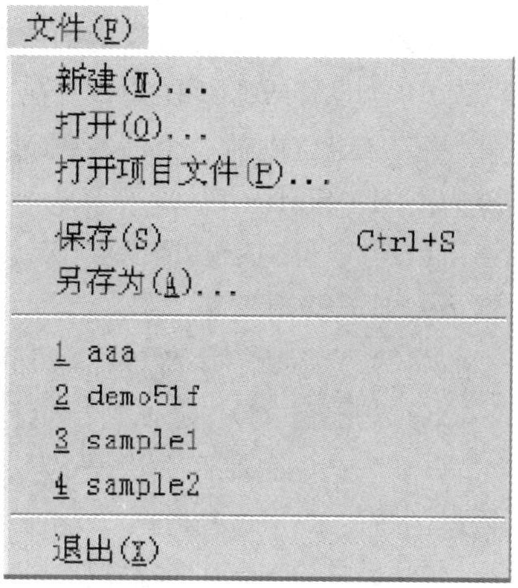

图 2 "文件"菜单

2）编辑（E）

"编辑"菜单内容如图 3 所示，包含以下操作。

（1）撤消（U）。撤销当前的操作。快捷键为Ctrl+Z。

（2）剪切（T）。将选择的块剪切到剪贴板。快捷键为 Ctrl+X。

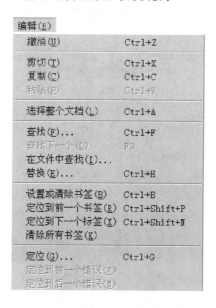

图 3 "编辑"菜单

（3）复制（C）。将选择的块复制到剪贴板。快捷键为 Ctrl＋C。

（4）粘贴（P）。将剪贴板粘贴到文件。快捷键为Ctrl＋P。

（5）选择整个文档（L）。将整个文档作为块。快捷键为 Ctrl＋A。

（6）查找（F）。在文件中查找字符串。快捷键为Ctrl＋F。

（7）查找下一个（D）。查找下一个匹配的字符串。快捷键为 F3。

（8）在文件中查找（I）。在被选定的文件范围内查找字符串。

（9）替换（E）。替换匹配的字符串。快捷键为Ctrl＋H。

（10）设置或清除书签（B）。在文档中设置或清除书签，用于快速定位。快捷键为 Ctrl＋B。

（11）定位到前一个书签（R）。与设置或清除书签命令配合，定位到前一个书签。快捷键为 Ctrl＋Shift＋P。

（12）定位到下一个书签（X）。与设置或清除书签命令配合，定位到后一个书签。快捷键为 Ctrl＋Shift＋N。

（13）清除所有书签（K）。清除所有书签标记。

（14）定位（G）。定位到指定行或地址。快捷键为 Ctrl＋G。

（15）定位到前一个错误（V）。将编译/汇编发生的错误与源程序关联，并定位到前一个错误的位置。

（16）定位到后一个错误（N）。将编译/汇编发生的错误与源程序关联，并定位到后一个错误的位置。

3）查看（V）

"查看"菜单内容如图 4 所示，包含以下操作。

（1）寄存器（R）。寄存器窗口用于显示 80C51 内核基本的寄存器 R0～R7、A、B、DPH、DPL、SP 和 PSW，以 16 进制方式显示字节寄存器的内容，以位的方式显示 PSW 的内容。

（2）特殊功能寄存器（S）。用于显示当前被选择的 CPU 所包含的特殊功能寄存器窗口，

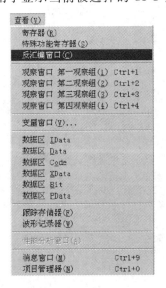

图 4　"查看"菜单

以 16 进制方式显示字节寄存器的内容。

（3）反汇编窗口（C）。将程序代码区的内容以反汇编方式及源程序方式显示。反汇编窗口同时支持行汇编方式输入或修改程序代码。

（4）观察窗口第一观察组（1）。为了方便用户避免多次添加和删除需要观察的变量，设置的第一组观察窗口。快捷键为 Ctrl＋1。

（5）观察窗口第二观察组（2）。为了方便用户避免多次添加和删除需要观察的变量，设置的第二组观察窗口。快捷键为 Ctrl＋2。

（6）观察窗口第三观察组（3）。为了方便用户避免多次添加和删除需要观察的变量，设置的第三组观察窗口。快捷键为 Ctrl＋3。

（7）观察窗口第四观察组（4）。为了方便用户避免多次添加和删除需要观察的变量，设置的第四组观察窗口。快捷键为 Ctrl＋4。

（8）变量窗口（V）。用于显示变量。

（9）数据区 IData。用于显示片内 RAM 区域，被"mov @ri, a"或"mov a, @ri"指令间接寻址访问的数据区。

（10）数据区 Data。片内 RAM 和 SFR 区域，被直接寻址访问的数据区。

（11）数据区 Code。

显示程序代码空间。

（12）数据区 XData。显示外部数据空间。

（13）数据区 Bit。片内的位寄存器区域 0～127 与片内地址为 20H～2FH 的 RAM 对应，128～255 与 SFR 相对应。

（14）数据区 PData。页面存储方式下的外部数据空间，使用"movx @ri, a"或"movx a, @ri"指令间接寻址访问的数据区。

（15）跟踪存储器（F）。调用跟踪存储器窗口，对含有跟踪存储器功能的仿真器有效。

（16）波形记录器（W）。显示波形记录器窗口，对含有跟踪存储器功能的仿真器有效。

（17）性能分析窗口（A）。显示性能分析器窗口，对含有性能分析器功能的仿真器有效。

（18）消息窗口（M）。显示编译/汇编产生的结果，调试过程中的提示以及在文件中查找的结果。快捷键为 Ctrl＋9。

（19）项目管理器（N）。调用项目管理器窗口。快捷键为 Ctrl＋0。

4）调试（R）

"调试"菜单内容如图 5 所示，包含以下操作。

（1）开始调试（B）。切换到调试状态，如果已经打开了项目文件，则进行产生代码并装入操作。快捷键为 Ctrl＋M。

（2）终止调试（D）。切换到编辑状态。快捷键为 Ctrl＋D。

（3）全速运行（R）。全速运行，调试状态有效。快捷键为 F9。

（4）禁止断点并全速运行（E）。

用于禁止断点并全速运行，调试状态有效（此命令只对具有跟踪存储器功能的仿真器有效）。快捷键为 Alt＋F9。

（5）跟踪（T）。调用跟踪运行程序，在反汇编窗口下执行一条指令，如果当前是调用指令，则进入所调用的子程序；如果在源程序窗口下，执行当前文本下的一条语句，如果是调

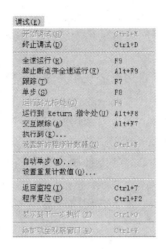

图5　"调试"菜单

用则进入所调用的子程序。调试状态有效。快捷键为 F7。

（6）单步（S）。调用单步运行程序。反汇编窗口下若是调用指令，则越过所调用的子程序；源程序窗口下，如果是调用语句，则越过所调用的子程序。调试状态有效。快捷键为 F8。

（7）运行到光标处（G）。程序全速运行到光标处，调试状态及源程序文本或反汇编窗口有效。快捷键为 F4。

（8）运行到 Return 指令处（U）。程序全速运行到 RET 指令处，调试状态有效，对于不同的仿真器，此命令功能有所不同。快捷键为 Alt＋F8。

（9）交互跟踪（A）。如果当前激活的是程序文本窗口，执行反汇编窗口的跟踪指令；如果当前激活的是反汇编窗口，执行源程序文本窗口的跟踪指令，调试状态有效。快捷键为Alt＋F7。

（10）执行到（E）。执行到设定的地址，调试状态有效。

（11）设置新的程序计数器（N）。改变当前的程序计数器值，调试状态有效。快捷键为Ctrl＋N。

（12）自动单步（M）。自动以跟踪的方式运行程序，调试状态有效。

（13）设置重复计数值（O）。设置重复计数值，与断点配合使用，调试状态有效。

（14）返回监控（I）。终止运行程序，调试状态有效。快捷键为 Ctrl＋T。

（15）程序复位（P）。复位仿真器，调试状态有效。快捷键为 Ctrl＋F2。

（16）显示到一步执行（X）。刷新所有窗口，调试状态有效。快捷键为 Ctrl＋O。

（17）添加项至观察窗口（W）。将光标处的字符或地址作为变量添加到观察窗口，调试状态有效。快捷键为 Ctrl＋W。

5）外围部件（S）

"外围部件"菜单内容如图6所示，包含以下操作。

（1）中断（I）。中断状态窗口包括 INT0、INT1、T0、T1、T2 和 UART 中断状态以及优先级和允许设置。设置或清除相应的标志，可以改变中断的状态，也可以通过相应的值，作为中断初始化的编程。

图6 "外围部件"菜单

（2）端口（T）。调用端口设置窗口，显示或改变端口的状态。

（3）定时器/计数器0。调用定时器/计数器0模式和控制窗口，其TMOD和TCON的值可以作为定时器0初始化的编程依据。

（4）定时器/计数器1。调用定时器/计数器1模式和控制窗口，其TMOD和TCON的值可以作为定时器1初始化的编程依据。

（5）定时器/计数器2。调用定时器/计数器2模式和控制窗口，其T2CON的值可以作为定时器2初始化的编程依据。

（6）串行口（S）。调用串行口工作模式和控制窗口，其SMOD和SCON的值可以作为串行口初始化的编程依据。

6）项目管理（P）

"项目管理"菜单内容如图7所示，包含以下操作。

（1）新建项目文件（N）。新建项目文件对话框包含打开已经存在的项目文件、创建一个新项目、新建或打开一个文件以及硬件调试。

（2）打开项目文件（O）。用于打开一个已经存在的项目文件。

（3）关闭当前项目。关闭当前已经打开的项目文件，常用于对单模块文件或硬件的调试。

（4）保存当前项目（S）。用于保存当前项目文件。

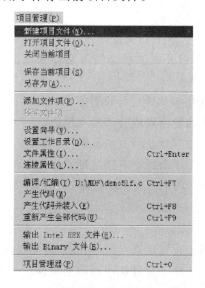

图7 "项目管理"菜单

（5）另存为（A）。可将当前项目文件存为其他项目文件名。

（6）添加文件项（F）。用于在已经打开的项目中添加文件。添加文件的类型有源文件、头文件、库文件和其他文件。

（7）移除文件项。用于在已经打开的项目中删除文件。

（8）设置向导（W）。用于设置编译器/汇编器/连接器路径以及源文件的默认扩展名和C 语言的环境变量路径。

（9）设置工作目录（D）。用于设置 MedWin 集成开发环境的工作目录，建议工作目录设置在 D 盘，并且不建议使用长文件名。

（10）文件属性（I）。对于汇编语言程序，只能设置是否需要源文件调试；对于 C 语言程序，还可以设置存储器模式等。快捷键为 Ctrl＋Enter。

（11）连接属性（L）。用于对项目文件的连接控制、段定位、RAM 尺寸和头文件、库文件路径的设置。

（12）编译/汇编（T）。根据文件的扩展名，编译/汇编当前文件。快捷键为 Ctrl＋F7。

（13）产生代码（M）。根据文件的编辑修改状态，确定是否在编译/汇编当前文件之后，对产生的 OBJ 文件连接。

（14）产生代码并装入（E）。根据文件的编辑修改状态，确定是否在编译/汇编当前文件之后，对产生的 OBJ 文件连接，再将连接产生的代码装载到仿真器。快捷键为 Ctrl＋F8。

（15）重新产生全部代码（U）。编译/汇编项目中所有文件，对产生的 OBJ 文件连接，再将连接产生的代码装载到仿真器。快捷键为 Ctrl＋F9。

（16）输出 Intel HEX 文件（H）。产生 Intel HEX 格式文件，默认 HEX 文件的文件名为项目名。

（17）输出 Binary 文件（B）。产生二进制格式文件，默认 BIN 文件的文件名为项目名。

（18）项目管理器（P）。用于激活项目管理器窗口。快捷键为 Ctrl＋0。

7）断点（B）

"断点"菜单内容如图 8 所示，包含以下操作。

（1）断点（B）。调用断点列表窗口。

（2）设置或清除断点（T）。用于在源程序或反汇编窗口中设置/清除断点。编辑状态的文本窗口以及调试状态的源文件和反汇编窗口有效。快捷键为 F2。

（3）设置到（A）。用于在指定的地址处设置断点。

（4）断点使能（E）。用于地址断点或外部断点使能。

（5）禁止所有断点（D）。用于禁止所有地址断点。

（6）清除所有断点（R）。用于清除所有地址断点。

图 8　"断点"菜单

（7）设置跟踪存储器（S）。用于设置跟踪存储器状态，参见附录 I。

8）设置（O）

"设置"菜单内容如图 9 所示。

（1）设置仿真器（E）。用于设置仿真 CPU 类型、时钟和存储器结构。

（2）程序存储器映像（C）。用于设置程序存储器映像。

（3）数据存储器映像（D）。用于设置数据存储器映像。

（4）设置通讯口（T）。用于选择通讯口参数或进入模拟调试。

（5）设置文本编辑器（S）。用于设置文本编辑器的环境参数，如字体、颜色等。

（6）设置向导（W）。用于设置编译器/汇编器/连接器路径以及源文件的默认扩展名和 C 语言的环境变量的路径。

（7）设置工作目录（D）。用于设置 MedWin 集成开发环境工作目录。

（8）启动向导（Z）。选择进入 MedWin 集成开发环境启动向导设置。

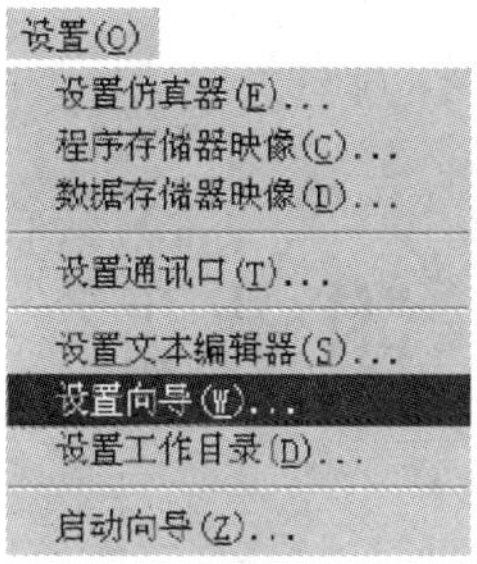

图 9　"设置"菜单

9）窗口（V）

"窗口"菜单内容如图 10 所示。

（1）拆分（S）。用于拆分文本窗口和存储器窗口。

（2）工作簿模式（W）。用于窗口显示模式设定是否使用工作簿模式。

（3）关闭窗口（O）。用于关闭当前激活的窗口。快捷键为 Ctrl＋F4。

（4）关闭所有窗口（L）。用于关闭当前所有激活的窗口。

（5）排列图标（A）。用于排列当前所有激活的窗口。

（6）层叠窗口（C）。用于层叠当前所有激活的窗口。

（7）横向平铺窗口（H）。用于横向平铺当前所有激活的窗口。

（8）纵向平铺窗口（V）。用于纵向平铺当前所有激活的窗口。

（9）刷新所有窗口（R）。用于刷新当前所有激活的窗口和停驻窗口。

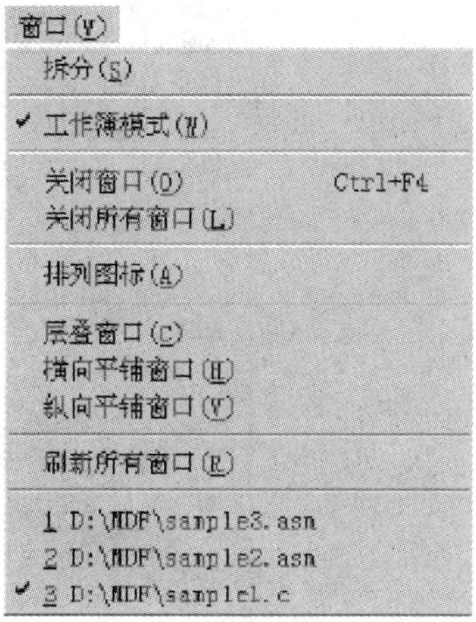

图 10　"窗口"菜单

10）帮助（H）

"帮助"菜单内容如图 11 所示。

图 11　"帮助"菜单

关于 MedWin 对话框中列出了软件和硬件有关版本信息，以及仿真器产品的注册信息。

附录Ⅲ

双龙烧写软件的使用说明

（1）打开烧写软件 SLISP。点击"开始"→"所有程序"→"SLISP"→" SLISP"，初次使用该软件，可按图 12 窗口的参数进行设置。

图 12　设置窗口

（2）打开要烧写的代码，点击"Flash"图标，如图 12 中的线圈所示位置。

（3）选择所在文件夹的文件（＊.HEX）或打开光盘中"单片机程序"中任意的".BIN"或".HEX"文件，填充方式选择"FF"并点击"确定"，如图 13、图 14 所示。

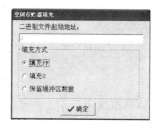

图 13　填充方式选择窗口　　　　　　图 14　"空闲存储器填充"窗口

（4）点击"编程"，效果如图 15 所示。

图 15　编程操作窗口

（5）完成编程，这时单片机即可按照程序进行工作，如图 16 所示。

图 16　单片机工作窗口

（6）单片机按程序运行。

参 考 文 献

[1]　高成. 单片机应用技术. 北京：机械工业出版社，2018.

[2]　王会良，王东锋，董冠强. 单片机 C 语言应用 100 例. 3 版. 北京：电子工业出版社，2017.

[3]　陈景波，王伟. 51 单片机实战指南. 西安：西安电子科技大学出版社，2019.

[4]　柴钰. 单片机原理及应用. 2 版. 西安：西安电子科技大学出版社，2018.

[5]　李淑萍，王燕，朱宇，等. 单片机控制技术：C 语言版. 苏州：苏州大学出版社，2018.

[6]　何宾. STC 单片机 C 语言程序设计. 北京：清华大学出版社，2016.